die Buchreihe
zur Website

mathetreff-online

www.mathetreff-online.de

Gewichtseinheiten

einfach erklärt

Hallo!

Ich bin **Mady** und lerne mit dir die Gewichtseinheiten. Ich wünsche dir viel Spaß beim Lernen und Üben!

Dieses Buch gehört:

_____

1. Auflage: 13.02.19

ISBN: 9783748172017

Herstellung und Verlag: Books on Demand GmbH, Norderstedt

Inhaltsverzeichnis

1. Vorwort 3

2. Gewichtseinheiten 4
   2.1. Was ist eine Gewichtseinheit? 4
   2.2. Vorsätze für Gewichtseinheiten 4

3. Zwischen den Untereinheiten umrechnen 7
   3.1. Der Umrechnungsfaktor 7
   3.2. Von groß nach klein 8
   3.3. Von klein nach groß 13

4. Die Grundeinheit Gramm 17
   4.1. Die Entstehung des Gramms 17
   4.2. Vorsätze für Teile eines Gramms 19
   4.3. Vorsätze für ein Vielfaches eines Gramms ... 20

5. Alte Gewichtsmaße 25

6. Rechnen mit Gewichtseinheiten 27
   6.1. Addition von Gewichtseinheiten 28
   6.2. Subtraktion von Gewichtseinheiten 32
   6.3. Multiplikation von Gewichtseinheiten 36
   6.4. Division von Gewichtseinheiten 38
   6.5. Gewichtseinheiten vergleichen 42

7. Übungsaufgaben 46

8. Lösungen 58

9. Stichwortverzeichnis 75

   Über die Website 76

1. Vorwort

Hallo!

Sersheim, im Februar 2019

Vielen Dank für den Kauf dieses Buches.

Mit der eigenen Buchreihe zur Website geht das mathetreff-online-Team einen Schritt weiter und kombiniert das Lernen online und offline zu einem Gesamtpaket. Angefangen als Hobby zweier Realschüler im Großraum Stuttgart wurde aus der kleinen Homepage bis heute ein wachsendes Portal – eine feste Größe innerhalb der Nische „Mathe lernen im Internet".

Die Website wurde damals im Jahr 2000 ins Leben gerufen, um den oft trockenen Lernstoff des Faches Mathematik für unsere Mitschüler und uns selbst aufzubereiten. Eben nur auf moderne Art und Weise, gemixt mit einer ordentlichen Portion Spaß. Auch wenn wir mittlerweile keine Schüler mehr sind und fest im (nicht akademischen) Berufsleben stehen, hat sich an diesem Grundgedanken nichts geändert.

Anhand der vielen Feedbacks versuchen wir ständig, die Website an die Bedürfnisse unserer Besucher anzupassen. Mehr über die Website findest du am Ende dieses Buches. Auch für dieses Buch wünschen wir uns konstruktive Rückmeldungen. Über die Positiven freuen wir uns natürlich besonders ☺!

Du erreichst uns per E-Mail ✉ (buch@mathetreff-online.de), über Facebook f (www.facebook.com/mathetreffonline) oder über Twitter 🐦 (@mathetreffonlin – das „e" am Ende von „mathetreffonline" wollte Twitter nicht hergeben ☺).

Wenn dir dieses Buch besonders gut gefällt, empfehle es doch deinen Freunden, Mitschülern, Eltern oder auch deinen Lehrern weiter! Falls du in den sozialen Netzwerken aktiv bist, like 👍 uns doch auf Facebook und/oder folge uns auf Twitter.

Viel Spaß mit diesem Buch wünschen dir die Gründer von mathetreff-online

Philipp „Phil" Schrenk und Christian „Chris" Hensel

2. Gewichtseinheiten

2.1. Was ist eine Gewichtseinheit?

Sicherlich hast du schon einmal etwas von „2 Kilogramm" oder „5 Tonnen" gehört oder gelesen. Diese Kombination aus einer Zahl und einem Wort wird **Größe** genannt. Das Wort wird dabei als **Einheit** bezeichnet. Eine solche Einheit ist ein fest definierter Wert wie z. B. Länge, Gewicht oder auch Währungen (Geld). Die Zahl vor der Einheit wird als **Maßzahl** bezeichnet. Sie gibt an, wie viel du von der Einheit hast. So bedeuten 2 Kilogramm, etwas ist 2 mal schwerer als 1 Kilogramm, 5 Tonnen bedeuten, etwas ist 5 mal schwerer als 1 Tonne.

Eine Gewichtseinheit ist eine Maßeinheit, mit der du das **Gewicht** (Masse) eines Gegenstandes angibst. Das Gewicht wird mit dem Großbuchstaben M abgekürzt (M wie Masse). Das Gewicht eines Gegenstandes ergibt sich aus der Dichte (ρ) des Stoffes, aus dem der Gegenstand besteht, multipliziert mit dem Volumen (V) des Gegenstandes. Aber keine Angst, wir werden hier nicht das Gewicht von Gegenständen bestimmen, wir beschränken uns auf das Rechnen mit Gewichtseinheiten.

2.2. Vorsätze für Gewichtseinheiten

Jede Maßeinheit hat ihre eigene Grundeinheit. Bei den Gewichtseinheiten ist die Grundeinheit das Gramm (siehe hierzu Kapitel 4 ab Seite 17). Mit ihr kannst du alles abwiegen. Dies wird dann unpraktisch, wenn die Grundeinheit sehr groß oder klein dimensioniert ist. So muss immer mit einem Komma oder mit vielen Nullen gearbeitet werden. Stell dir einmal vor, es gäbe nur die Grundeinheit Gramm. Dann würde die

Waage, wenn du dich darauf stellst, beispielsweise 28.500 g anzeigen. Oder euer Auto wäre 1.455.000 g schwer. Du siehst, mit den großen Angaben wäre es etwas unpraktisch. Daher hat man begonnen, die Grundeinheit in weitere Untereinheiten (so nennt man eine Einheit, vor der ein Vorsatz steht) zusammenzufassen bzw. zu unterteilen, die nun die Handhabung wesentlich vereinfachen und die Schreibweise verkürzen.

Das kannst du dir etwa wie mit Sprudelflaschen und den Kisten vorstellen: Wenn du viele Sprudelflaschen einzeln transportieren musst, ist das sehr umständlich. Einfacher geht es, wenn du sie in Kisten stellst. Immer eine bestimmte Anzahl an Flaschen passen in eine Kiste, bis sie voll ist. Und genau so ist es mit den Vorsätzen und den Untereinheiten. Immer eine gewisse Menge an Untereinheiten bilden die nächst größere Untereinheit. Wenn du genügend Kisten zusammen hast, kannst du sie auf einer Palette stapeln, die dann der nächstgrößeren Untereinheit entspricht.

Für diese Untereinheiten hat man bestimmte Vorsätze gewählt, die vor dem eigentlichen Namen der Grundeinheit gesetzt werden. Nachfolgend habe ich dir die gängigen Vorsätze der Einheiten als Tabelle zusammengefasst:

Bedeutung	Name	Abk.	Aussehen	Berechnung	
Millionfache	Mega	M	1.000.000	· 1.000	
Tausendfache	Kilo	k	1.000	· 10	diese Zahlen sind **größer** als 1 (> 1)
Hundertfache	Hekto	h	100	· 10	
Zehnfache	Deka	da	10	· 10	
Eins			1	: 10	
Zehntel	Dezi	d	0,1	: 10	
Hundertstel	Zenti	c	0,01	: 10	diese Zahlen sind **kleiner** als 1 (< 1)
Tausendstel	Milli	m	0,001		

Die Bedeutung der Vorsätze ist jeweils Deka für das 10-fache, Hekto für das 100-fache, Kilo für das 1.000-fache und Mega für das 1.000.000-fache sowie Dezi für den 10-ten Teil, Zenti für den 100-sten Teil und Milli für den 1.000-sten Teil.

Es gibt darüber hinaus noch weitere Vorsätze, diese werden jedoch äußerst selten oder nur in speziellen Fachbereichen verwendet. Für die Schulmathematik reichen die oben aufgezeigten Vorsätze aus, wobei die beiden Vorsätze Hekto und Deka kaum Anwendung finden.

Wenn du diese Vorsätze vor die Grundeinheit Gramm setzt, erhältst du die nachfolgenden **Untereinheiten**:

Name	Symbol	Größe	Gewicht	Umrechnung
Kilogramm	kg	$10 \cdot 1$ hg	1.000 g	
Hektogramm	hg	$10 \cdot 1$ Dg	100 g	$\cdot 10$ $: 10$
Dekagramm	Dg	$10 \cdot 1$ g	10 g	$\cdot 10$ $: 10$
Gramm	g	1 g	1 g	$\cdot 10$ $: 10$
Dezigramm	dg	$\frac{1}{10}$ g	$\frac{1}{10}$ g (0,1 g)	$\cdot 10$ $: 10$
Zentigramm	cg	$\frac{1}{10}$ dg	$\frac{1}{100}$ g (0,01 g)	$\cdot 10$ $: 10$
Milligramm	mg	$\frac{1}{10}$ cg	$\frac{1}{1.000}$ g (0,001 g)	$\cdot 10$ $: 10$

Bei den Gewichtseinheiten werden im Alltag im Gegensatz zu andern Einheiten jedoch nicht alle Untereinheiten verwendet. Die gebräuchlichen sind neben Milligramm und Kilogramm auch Tonne. Wobei Tonne kein wirklicher Vorsatz ist, daher findest du sie nicht in der Tabelle. Das Wort »Tonne« ist eher ein Kunstwort, die eigentliche richtige Einheit würde „Megagramm" lauten, da Mega für 1 Million (1.000.000) steht.

Daneben gibt es noch die Gewichtseinheiten Zentner (50 kg) und Pfund (500 g), die gelegentlich noch verwendet werden.

Durch die Untereinheiten wiegst du nun 28,5 Kilogramm (statt 28.500 Gramm) und euer Auto bringt 1,455 Tonnen auf die Waage (statt 1.455.000 Gramm).

> Durch die Untereinheiten ist das Handhaben der Gewichtseinheiten einfacher geworden. Die einzelnen Maßzahlen sind nun bedeutend kürzer. Wie du nun zwischen den einzelnen Untereinheiten umrechnest, erfährst du im nächsten Kapitel.

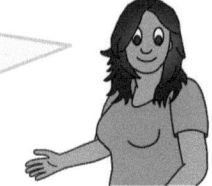

3. Zwischen den Untereinheiten umrechnen

Wenn vor einer Einheit ein Vorsatz steht, spricht man häufig auch von einer Untereinheit. So ist Kilogramm eine Untereinheit der Grundeinheit Gramm. Du kannst beliebig zwischen den Untereinheiten hin und her umrechnen. Dies ist dann wichtig, wenn in einer Rechnung verschiedene Untereinheiten auftauchen, da du generell nur mit Einheiten rechnen kannst, wenn diese gleich sind. Wenn du von einer Untereinheit in eine andere wechselst, benötigst du den sogenannten Umrechnungsfaktor. Jede Einheit hat dabei ihren eigenen Umrechnungsfaktor, der bei den jeweiligen Untereinheiten immer gleich bleibt. Das bedeutet, zwischen Gramm und Kilogramm hast du den gleichen Umrechnungsfaktor wie zwischen Kilogramm und Tonne.

3.1. Der Umrechnungsfaktor

Vergleichst du die Vorsätze-Tabelle auf Seite 6, stellst du fest, dass es von einem Vorsatz zum nächsten immer 10 sind. Da bei den Gewichtseinheiten nur die Vorsätze Milli und Kilo verwendet werden, musst du die Zahlen auf den Pfeilen zwischen der Untereinheit Kilogramm und der Grundeinheit Gramm multiplizieren. Von der Untereinheit Kilo-  gramm bis zur Grundeinheit Gramm sind es 3 weitere Untereinheiten, nämlich Hektogramm, Dekagramm und schließlich Gramm. Zwischen jeder dieser Untereinheiten liegt ein Pfeil mit » · 10«, insgesamt sind es 3 solcher Pfeile. Das bedeutet, du multiplizierst die Zahlen auf den Pfeilen miteinander und erhältst als Zahl $10 \cdot 10 \cdot 10 = 1.000$. Diese Zahl erhältst du auch, wenn du von der Grundeinheit Gramm zur Untereinheit Milligramm gehst: Auch hier sind es 3 weitere Untereinheiten, nämlich Dezigramm, Zentigramm und schließlich Milligramm. Zwischen jeder dieser Untereinheiten liegt ein Pfeil mit » · 10«, insgesamt sind es 3 solcher Pfeile. Multiplizierst du wieder diese Zahlen, erhältst du auch $10 \cdot 10 \cdot 10 = 1.000$.

Kilogramm	kg
Hektogramm	hk
Dekagramm	Dg
Gramm	**g**
Dezigramm	dg
Zentigramm	cg
Milligramm	**mg**

· 10   · 10   · 10   · 1.000

Diese magische Zahl 1.000 wird auch **Umrechnungsfaktor** genannt. Du benötigst ihn, wenn du von einer Untereinheit in eine andere Untereinheit umrechnen willst.

- Um von einer kleineren in eine größere Untereinheit umzurechnen (Pfeile nach oben auf Seite 6), musst du die Maßzahl mit **1.000 dividieren**.
- Um von einer größeren in eine kleinere Untereinheit umzurechnen (Pfeile nach unten auf Seite 6), musst du die Maßzahl mit **1.000 multiplizieren**.

> Der Umrechnungsfaktor ist die magische Zahl, mit der du zwischen den Untereinheiten umrechnen kannst. Er ist bei allen Untereinheiten gleich und beträgt bei den Gewichtseinheiten 1.000.

3.2. Von groß nach klein

Rechnest du von einer größeren Untereinheit in eine kleinere Untereinheit um, beispielsweise von Kilogramm in Gramm, so musst du die Maßzahl mit dem **Umrechnungsfaktor 1.000 multiplizieren** (mal nehmen). Bildlich kannst du dir das so vorstellen: Du zerteilst die größere Untereinheit gemäß dem Umrechnungsfaktor in die kleinere Untereinheit und erhältst dabei **viele** kleine Stücke. Du hast am Ende **mehr** Stücke, also musst du **m**ultiplizieren (merke dir einfach: mehr = multiplizieren).

groß nach klein

1 kg

· 1.000

1000 g

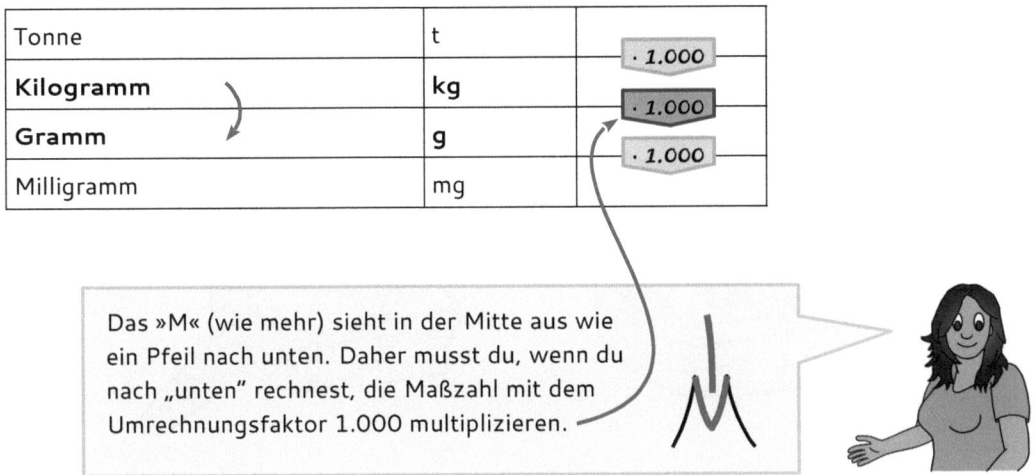

Tonne	t	
Kilogramm	**kg**	· 1.000
Gramm	**g**	· 1.000
Milligramm	mg	· 1.000

Das »M« (wie mehr) sieht in der Mitte aus wie ein Pfeil nach unten. Daher musst du, wenn du nach „unten" rechnest, die Maßzahl mit dem Umrechnungsfaktor 1.000 multiplizieren.

Der Umrechnungsfaktor bei Gewichtseinheiten beträgt 1.000. Willst du eine größere Untereinheit in eine kleinere Untereinheit umrechnen, so musst du die Maßzahl mit 1.000 multiplizieren. Um beispielsweise 1 Kilogramm in Gramm umzurechnen, multipliziere die Maßzahl mit 1.000. Durch die Umrechnung erhält die Größe auch eine neue Untereinheit, die die bisherige Untereinheit ersetzt: 1 kg = 1.000 g.

Nachfolgend werden wir gemeinsam 1 Kilogramm in Gramm umrechnen. Damit du dir bildlich vorstellen kannst, was bei der Umrechnung passiert, nehmen wir einen Würfel mit einem Gewicht von 1 Kilogramm zu Hilfe. Da du von einer größeren Untereinheit in eine kleinere Untereinheit umrechnest, musst du mit dem Umrechnungsfaktor **1.000 multiplizieren**. Du erhältst dabei **mehrere** kleine Stücke. Bildlich gesehen teilst du den 1-Kilogramm-Würfel in tausend gleich große Stücke. Da sich der Umrechnungs-faktor 1.000 aus 10 · 10 · 10 zusammen setzt, wird jede Seite in 10 gleich große Reihen geteilt. Die nächstkleinere Einheit nach Kilogramm ist Gramm, daher ist ein kleiner Würfel 1 Gramm schwer.

Der Umrechnungsfaktor beträgt
bei Gewichtseinheiten 1.000.
Daher teilst du 1 Kilogramm (1 kg)
in 1.000 gleichgroße Würfel.

Einer dieser Würfel wiegt
1 Gramm (1 g).

Ich zeige dir nun schemenhaft, wie du einen Kilogrammwert in Gramm umrechnest. Bei den anderen Untereinheiten ist die Vorgehensweise identisch.

So rechnest du zwischen zwei Untereinheiten um	So sieht es aus
Du sollst dieses Gewicht in Gramm umrechnen.	`5kg=?g`
1. Schaue zuerst nach, in welche Richtung du umrechnest: Du rechnest von einer größeren in eine kleinere Untereinheit (↓) und musst daher **multiplizieren**.	`Richtung ↓` `=multiplizieren`
2. Bei Gewichtseinheiten beträgt der Umrechnungsfaktor **1.000**.	`Umrechnungsfaktor` `1000`
3. Multipliziere die Maßzahl (5) mit dem Umrechnungsfaktor (1.000): **5 · 1.000 = 5.000**.	`5·1000` `=5000`
4. Hänge zum Schluss die **neue Untereinheit** Gramm (g) an die eben berechnete Maßzahl.	`5000g`
5. 5 Kilogramm entsprechen 5.000 Gramm.	`5kg=5000g`

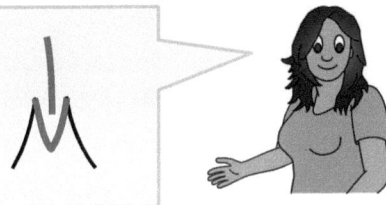

Wenn du von einer größeren Untereinheit in eine kleinere Untereinheit umrechnen willst, musst du die Maßzahl mit der Zahl auf dem Umrechnungspfeil nach unten multiplizieren (· 1.000). Die Maßzahl wird dabei größer.

Du kannst natürlich auch **über mehrere Untereinheiten umrechnen**, z. B. von Tonne nach Gramm. Dabei hast du mehrere Möglichkeiten: schrittweise oder auf einmal. Wenn du lieber schrittweise vorgehen willst, dann rechnest du immer von einer Untereinheit auf die nächstkleinere: Zuerst von Tonne auf Kilogramm und anschließend von Kilogramm auf Gramm. Der Umrechnungsfaktor beträgt dabei jeweils **1.000**.

Wenn du lieber auf einmal rechnen willst, musst du die Zahlen in den Pfeilen miteinander multiplizieren, die zwischen diesen Untereinheiten liegen. Zwischen Tonne und Gramm liegen zwei Pfeile. Der erste Pfeil zwischen Tonne auf Kilogramm, der zweite Pfeil zwischen Kilogramm auf Gramm. Auf jedem Pfeil steht 1.000. Nun multiplizierst du diese beiden Werte miteinander: 1.000 · 1.000 = 1.000.000 (1 Million). Der kombinierte Umrechnungsfaktor beträgt 1.000.000. Mit ihm multiplizierst du nun den Tonnenwert.

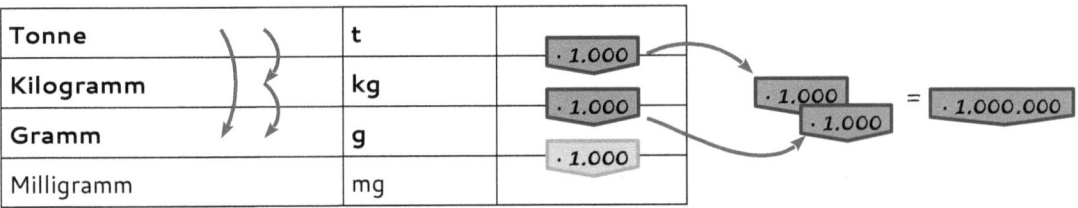

Rechnest du über mehrere Untereinheiten hinweg, so musst du die Zahlen in den Pfeilen miteinander multiplizieren, die zwischen diesen Untereinheiten liegen. Bei zwei Untereinheiten beträgt der kombinierte Umrechnungsfaktor 1.000.000 (1.000 · 1.000). Bei drei Untereinheiten beträgt der kombinierte Umrechnungsfaktor 1.000.000.000 (1.000 · 1.000 · 1.000)

Ich zeige dir auf der nächsten Seite schemenhaft, wie du einen Tonnenwert in Kilogramm umrechnest. Bei den anderen Untereinheiten ist die Vorgehensweise identisch.

So rechnest du über mehrere Untereinheiten um	So sieht es aus
Du sollst dieses Gewicht in Gramm umrechnen.	$7\,t = ?\,g$
1. Schaue zuerst nach, in welche Richtung du umrechnest: Du rechnest von einer größeren in eine kleinere Untereinheit (↓) und musst daher **multiplizieren**.	Richtung ↓ =multiplizieren
2. Bei Gewichtseinheiten beträgt der Umrechnungsfaktor **1.000**.	Umrechnungsfaktor 1000
3. Du rechnest über zwei Untereinheiten hinweg (2 Pfeile), daher musst du beide Zahlen auf den Pfeilen multiplizieren: **1.000 · 1.000 = 1.000.000**. Diese 1.000.000 ist der kombinierte Umrechnungsfaktor.	1000 · 1000 =1000000
4. Multipliziere die Maßzahl (7) mit dem kombinierten Umrechnungsfaktor (1.000.000): **7 · 1.000.000 = 7.000.000**.	7 · 1000000 =7000000
5. Hänge zum Schluss die **neue Untereinheit** Gramm (g) an die eben berechnete Maßzahl.	7000000 g
6. 7 Tonnen entsprechen 7.000.000 Gramm.	$7\,t = 7000000\,g$

Wenn du von einer größeren Untereinheit über mehrere kleinere Untereinheiten hinweg rechnen willst, dann musst du die Zahlen auf den Umrechnungspfeilen multiplizieren und anschließend die Maßzahl mit dem kombinierten Umrechnungsfaktor multiplizieren. Da der Umrechnungsfaktor hierbei sehr groß wird, ist die Rechnung nicht ganz einfach.

mathetreff-online

3.3. Von klein nach groß

Rechnest du von einer kleineren Untereinheit in eine größere Untereinheit um, beispielsweise von Gramm in Kilogramm, so musst du die Maßzahl mit dem Umrechnungsfaktor **1.000** **dividieren** (teilen). Bildlich kannst du dir das so vorstellen: Du setzt die kleinere Untereinheit gemäß dem Umrechnungsfaktor zu einer größeren Untereinheit zusammen und erhältst dadurch **wenige** große Stücke. Du hast am Ende **weniger** Stücke, also musst du dividieren (merke dir: weniger = dividieren).

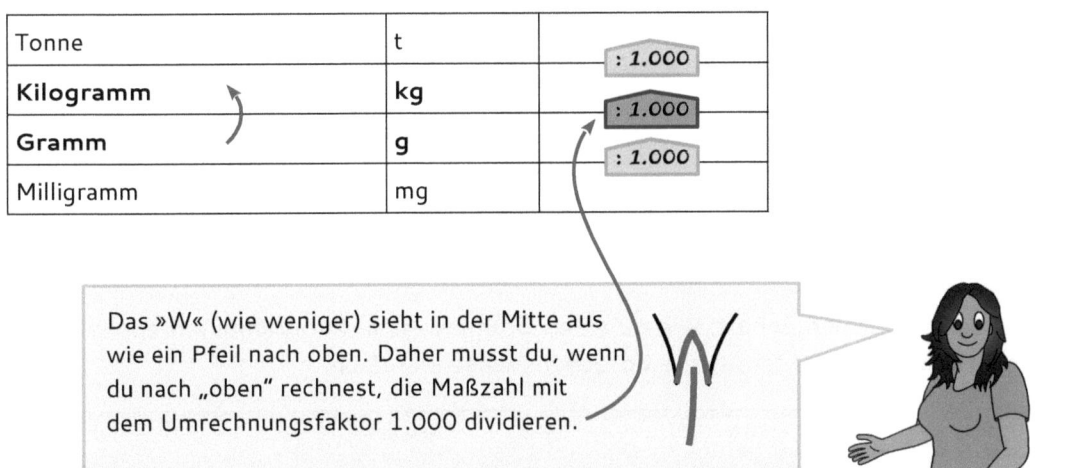

Tonne	t	: **1.000**
Kilogramm	**kg**	: **1.000**
Gramm	**g**	: **1.000**
Milligramm	mg	

Das »W« (wie weniger) sieht in der Mitte aus wie ein Pfeil nach oben. Daher musst du, wenn du nach „oben" rechnest, die Maßzahl mit dem Umrechnungsfaktor 1.000 dividieren.

Der Umrechnungsfaktor bei Gewichtseinheiten beträgt 1.000. Willst du eine kleinere Untereinheit in eine größere Untereinheit umrechnen, so musst du die Maßzahl durch 1.000 dividieren. Um beispielsweise 1.000 Gramm in Kilogramm umzurechnen, dividiere die Maßzahl durch 1.000. Durch die Umrechnung erhält die Größe auch eine neue Untereinheit, die die bisherige Untereinheit ersetzt: 1.000 g = 1 kg.

Nachfolgend werden wir gemeinsam 1.000 Gramm in Kilogramm umrechnen. Damit du dir bildlich vorstellen kannst, was bei der Umrechnung passiert, nehmen wir unsere vielen kleinen Würfel von vorhin mit einem Gewicht von 1 Gramm zu Hilfe. Da du jetzt von einer kleineren Untereinheit in die größere Untereinheit umrechnest, musst du mit dem Umrechnungsfaktor **dividieren**. Du erhältst dabei **weniger** Stücke. Bildlich gesehen baust du aus 1.000 dieser 1-Gramm-Würfel wieder einen großen Würfel zusammen. Da sich der Umrechnungsfaktor 1.000 aus 10 · 10 · 10 zusammensetzt, besteht jede Seite aus 10 solcher kleiner 1-Gramm-Würfel. Die nächstgrößere Einheit nach Gramm ist Kilogramm, daher ist der große Würfel aus den tausend 1-Gramm-Würfeln 1 Kilogramm schwer.

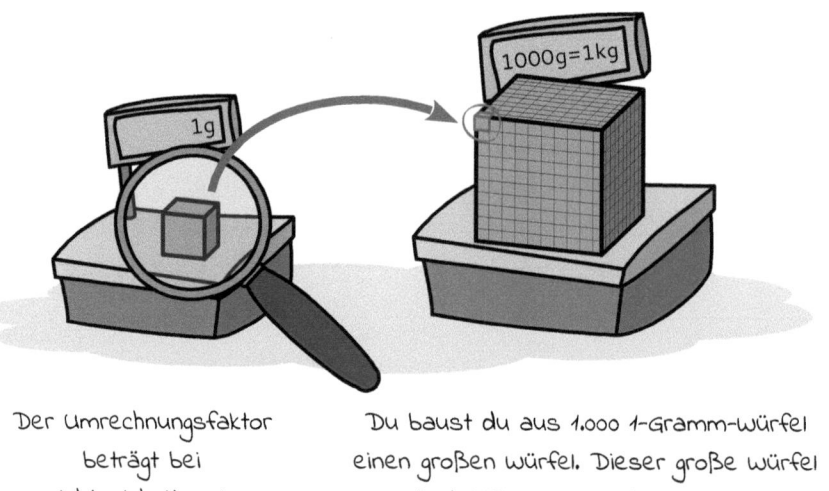

| Der Umrechnungsfaktor beträgt bei Gewichtseinheiten 1.000. | Du baust du aus 1.000 1-Gramm-Würfel einen großen Würfel. Dieser große Würfel wiegt 1 Kilogramm (1 kg = 1.000 g). |

Ich zeige dir nun schemenhaft, wie du einen Grammwert in Kilogramm umrechnest. Bei den anderen Untereinheiten ist die Vorgehensweise identisch.

So rechnest du zwischen zwei Untereinheiten um	So sieht es aus
Du sollst dieses Gewicht in Kilogramm umrechnen.	`5000g=?kg`
1. Schaue zuerst nach, in welche Richtung du umrechnest: Du rechnest von einer kleineren in eine größere Untereinheit (↑) und musst daher **dividieren**.	`Richtung ↑` `=dividieren`
2. Bei Gewichtseinheiten beträgt der Umrechnungsfaktor **1.000**.	`Umrechnungsfaktor` `1000`
3. Dividiere die Maßzahl (5.000) durch den Umrechnungsfaktor (1.000): **5.000 : 1.000 = 5**.	`5000:1000` `=5`
4. Hänge zum Schluss die **neue Untereinheit** Kilogramm (kg) an die eben berechnete Maßzahl.	`5kg`
5. 5.000 Gramm entsprechen 5 Kilogramm.	`5000g=5kg`

Wenn du von einer kleineren Untereinheit in eine größere Untereinheit umrechnen willst, musst du die Maßzahl durch die Zahl auf dem Umrechnungspfeil nach oben dividieren (: 1.000). Die Maßzahl wird dabei kleiner.

Du kannst natürlich auch **über mehrere Untereinheiten umrechnen**, z.B. von Gramm nach Tonne. Dabei hast du mehrere Möglichkeiten: schrittweise oder auf einmal. Wenn du lieber schrittweise vorgehen willst, dann rechnest du immer von einer Untereinheit auf die nächstgrößere: Zuerst von Gramm auf Kilogramm und anschließend von Kilogramm auf Tonne. Der Umrechnungsfaktor beträgt dabei jeweils **1.000**.

Wenn du lieber auf einmal rechnen willst, musst du die Zahlen in den Pfeilen miteinander multiplizieren, die zwischen diesen Untereinheiten liegen. Zwischen Gramm und Tonne liegen zwei Pfeile. Der erste Pfeil zwischen Gramm auf Kilogramm, der zweite Pfeil zwischen Kilogramm auf Tonne. Auf jedem Pfeil steht 1.000. Nun multiplizierst du diese beiden Werte miteinander: 1.000 · 1.000 = 1.000.000 (1 Million). Der kombinierte Umrechnungsfaktor beträgt 1.000.000. Durch ihn dividierst du nun den Grammwert.

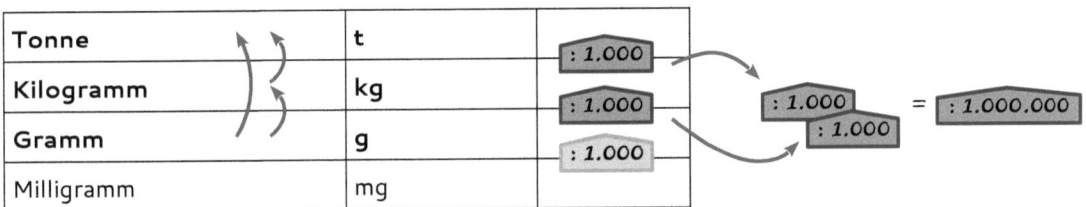

Tonne	t		
Kilogramm	kg		
Gramm	g		
Milligramm	mg		

Rechnest du über mehrere Untereinheiten hinweg, so musst du die Zahlen in den Pfeilen miteinander multiplizieren, die zwischen diesen Untereinheiten liegen. Bei zwei Untereinheiten beträgt der kombinierte Umrechnungsfaktor 1.000.000 (1.000 · 1.000). Bei drei Untereinheiten beträgt der kombinierte Umrechnungsfaktor 1.000.000.000 (1.000 · 1.000 · 1.000).

Ich zeige dir auf der nächsten Seite schemenhaft, wie du einen Grammwert in Tonnen umrechnest. Bei den anderen Untereinheiten ist die Vorgehensweise identisch.

So rechnest du über mehrere Untereinheiten um	So sieht es aus
Du sollst dieses Gewicht in Tonnen umrechnen.	`7000000g=?t`
1. Schaue zuerst nach, in welche Richtung du umrechnest: Du rechnest von einer kleineren in eine größere Untereinheit (↑) und musst daher **dividieren**.	`Richtung ↑` `=dividieren`
2. Bei Gewichtseinheiten beträgt der Umrechnungsfaktor **1.000**.	`Umrechnungsfaktor` `1000`
3. Du rechnest über zwei Untereinheiten hinweg (2 Pfeile), daher musst du beide Zahlen auf den Pfeilen multiplizieren: **1.000 · 1.000 = 1.000.000**. Diese 1.000.000 ist der kombinierte Umrechnungsfaktor.	`1000·1000` `=1000000`
4. Dividiere die Maßzahl (7) mit dem kombinierten Umrechnungsfaktor: **7.000.000 : 1.000.000 = 7**.	`7000000:1000000` `=7`
5. Hänge zum Schluss die **neue Untereinheit** Tonne (t) an die eben berechnete Maßzahl.	`7t`
6. 7.000.000 Gramm entsprechen 7 Tonnen.	`7000000g=7t`

Wenn du von einer kleinen Untereinheit über mehrere größere Untereinheiten hinweg rechnen willst, dann musst du die Zahlen auf den Umrechnungspfeilen multiplizieren und anschließend die Maßzahl durch den kombinierten Umrechnungsfaktor dividieren. Da der Umrechnungsfaktor hierbei sehr groß wird, ist die Rechnung nicht ganz einfach.

4. Die Grundeinheit Gramm

Das Wort Gramm stammt vom lateinischen Wort »gramma« ab, das übersetzt soviel wie kleines Gewicht bedeutet. Es leitet sich vermutlich von lateinisch »granum« für Korn ab, da früher kleine Gewichte oftmals mit Weizen- bzw. Gerstenkörnern oder Johannisbrotbaumsamen abgewogen wurden.

4.1. Die Entstehung des Gramms

Die Gewichtseinheiten, die du heute kennst, gibt es erst seit etwa 300 Jahren. Als es davor noch keine Einheiten gab, halfen sich die Menschen mit Hilfsmaßeinheiten und das, was die meisten im Haushalt besaßen: beispielsweise Steine, Wasser oder auch Samen wie Weizen- oder Gerstenkörner. Diese wurden in Tongefäßen abgewogen, da die Waage eines der ältesten Messinstrumente der Menschheit ist. Nun gab es dabei ein Problem, denn diese Tongefäße waren alle oftmals unterschiedlich groß und daher fielen auch die entsprechenden Maße unterschiedlich aus. Daher begann man, sich auf gleich große Gefäße zu einigen.

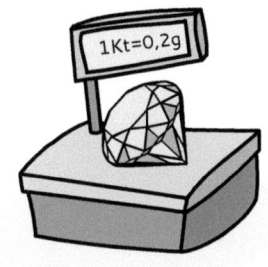

Lange Zeit wurden die Samenkörner des Johannisbrotbaums als Gewichtseinheit verwendet, da sie ein relativ konstantes Durchschnittsgewicht von 200 mg (Milligramm = 0,2 Gramm; 5 Samenkörner = 1 Gramm) aufweisen. Daran erinnert die noch heute gebräuchliche Bezeichnung »Karat« (Kt), die heutzutage, wie schon in der Antike, als Wägeinheit für Diamanten und Edelsteinen verwendet wird.

Im Mittelalter führte Karl der Große (von 768 bis 814 König des Fränkischen Reiches) als einheitliche Gewichtseinheit das Pfund ein. Das sogenannte »pondus caroli« betrug 406,5 g (Gramm). Das Pfund als Gewichtseinheit verbreitete sich zwar rasch in ganz Europa, sein Wert war aber von Stadt zu Stadt verschieden. In Nürnberg wog ein Pfund 510 g, so waren es in Würzburg nur 480 Gramm und in Berlin mit nur 467 Gramm noch weniger. In Wien hatte ein Pfund sogar ein Gewicht von 561 g.

Zwischen 1789 und 1799 wurde in Frankreich eine erste **Definition** von einem Gramm auf Wasserbasis festgelegt. Sie nahmen einen hohlen Würfel mit der Innenlänge von einem Zentimeter, das entspricht einem Innenvolumen von 1 cm³ (Kubikzentimeter = 1 Milliliter). Diesen Würfel füllten sie randvoll mit 3,98 °C kaltem, destilliertem Wasser, denn frühere Erforschungen haben ergeben, dass Wasser bei dieser Temperatur seine größte Dichte hat und somit am schwersten ist. Da der Luftdruck mit steigender Höhe abnimmt, spielt er eine wichtige Rolle bei der Definition. Er wurde daher mit 101,325 kP (Kilopascal = 1 bar) angegeben, das dem Luftdruck auf Meereshöhe (Nullnievau) entspricht.

Die unten abgebildete Linie stellt eine »Einheitenleine« dar. An diese Leine hängen wir im Laufe dieses Buches alle Gewichtseinheiten auf. So kannst du immer die Einordnung der Einheit sehen. Die Grundeinheit »Gramm« hängt als erste Einheit an der Leine:

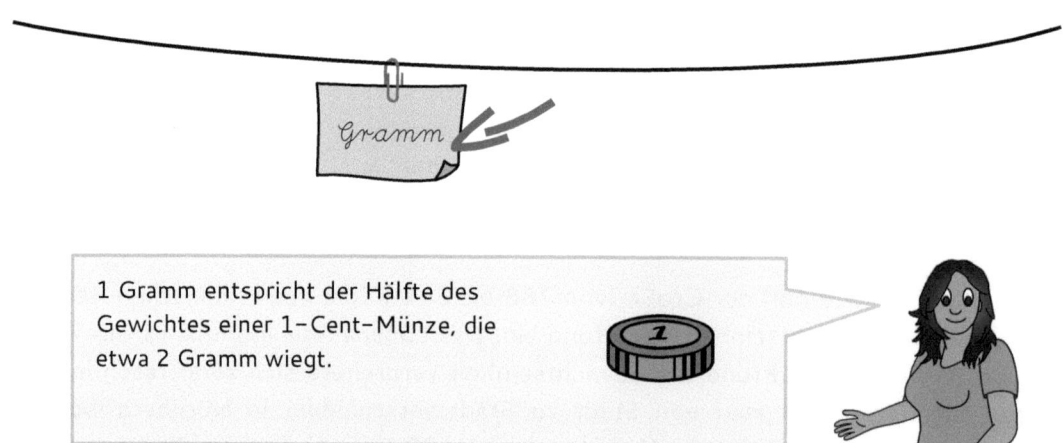

4.2. Vorsätze für Teile eines Gramms

Das Gewicht von einem Gramm war inzwischen fest definiert. Damit konnte schon eine Menge gewogen werden. Umständlich wurde es bei Gewichten, die viel **kleiner** bzw. leichter als ein Gramm waren. Die Angaben mussten dann immer in Kommaschreibweise und unter Umständen mit vielen Nullen geschrieben werden, was sich im Alltag als nicht sehr praxistauglich herausstellte. Daher wurden Vorsätze eingeführt und vor die Grundeinheit geschrieben. Bei Gramm wurde hauptsächlich der Vorsatz Milli (für ein Tausendstel) verwendet.

> Willst du von einer größeren in eine kleinere Untereinheit umrechnen, so musst du die Maßzahl mit 1.000 multiplizieren (Pfeile nach unten auf Seite 9).

Milligramm

Wir haben bereits einen Würfel, der 1 Gramm wiegt. Diesen Würfel teilen wir in viele kleine, gleich große Würfel. Bei einem Würfel sind alle Seiten gleich lang, somit benötigen wir für die Länge, die Breite und für die Höhe die gleiche Anzahl an Schnitte. Da der Umrechnungsfaktor bei Gewichtseinheiten 1.000 beträgt, teilst du jede Seitenlänge in 10 gleich große Schnitte. Somit erhältst du $10 \cdot 10 \cdot 10 = 1.000$ gleich große, winzig kleine Würfel. Ein solcher Miniwürfel ist ein Tausendstel eines Gramms, also 0,001 Gramm (1 g : 1000 = 0,001 g). Dieses Gewicht wird **Milligramm** genannt und mit den Kleinbuchstaben **mg** abgekürzt (0,001 g = 1 mg). Das Wort Milligramm setzt sich aus den beiden Wörtern »Milli« und »gramm« zusammen. Der Wortteil »Milli« stammt vom lateinischen Wort »millesimus« ab, das tausendster (Teil) bedeutet. Daher ist 1 Milligramm der tausendste Teil eines Gramms (1 mg = 0,001 g bzw. 1.000 mg = 1 g).

Ergänze auf der Einheitenleine die Längeneinheit »Milligramm«. Da sie kleiner als die Grundeinheit Gramm ist, wird sie links von ihr aufgehängt:

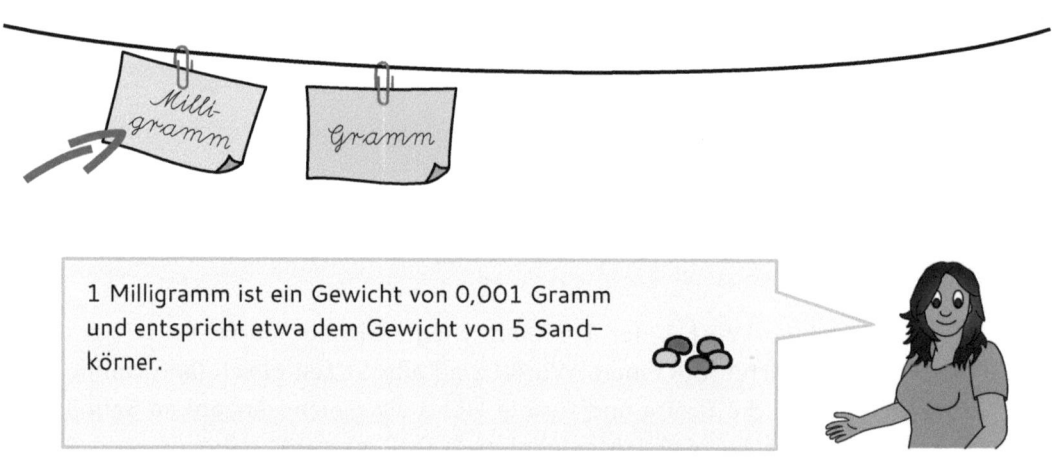

1 Milligramm ist ein Gewicht von 0,001 Gramm und entspricht etwa dem Gewicht von 5 Sand-körner.

4.3. Vorsätze für ein Vielfaches eines Gramms

Nun konnten bereits auch Teile eines Gramms abgemessen und die Angaben in handli-chen Größen angegeben werden. Umständlich wurde es nur noch bei Gewichten, die weitaus größer als ein Gramm waren. Diese Angaben mussten dann immer mit vielen Nullen geschrieben werden, was sich im Alltag als nicht sehr praxistauglich heraus-stellte. Daher wurden auch hier Vorsätze eingeführt und vor die Grundeinheit geschrieben. Bei Gramm wurde der Vorsatz Kilo (für 1.000) verwendet.

Willst du von einer kleineren in eine größere Untereinheit umrechnen, so musst du den Wert mit 1.000 dividieren (Pfeile nach oben auf Seite 13).

Kilogramm

Da die Grundeinheit Gramm im täglichen Leben sehr klein dimensioniert ist und man bei Gewichtsangaben immer viele Stellen schreiben musste, benötigte man eine neue so genannte SI-Einheit (französisch »Système international d'unités«, was „Internationales Einheitensystem" bedeutet).

Im Jahr 1889 wurde daher ein Referenzmaß für die Maßeinheit Kilogramm hergestellt – das **Urkilogramm**. Es existiert noch heute und wird in einem Tresor des Internationalen Büros für Maß und Gewicht in Sèvres bei Paris aufbewahrt. Das Urkilogramm ist ein kleiner Zylinder aus Platin. Da Platin eine sehr hohe Dichte hat und damit sehr schwer ist, hat dieser Zylinder nur eine Höhe und einen Durchmesser von jeweils 39 Millimeter (fast 4 Zentimeter). Der Nachteil von Platin ist nicht nur, dass es sehr teuer ist, sondern es ist auch sehr weich. Würde man diesen Zylinder aus gewöhnlichem Gusseisen herstellen, wäre er bei gleichem Durchmesser etwa 3 mal so hoch. Um den Zylinder härter zu machen, wurden noch 10 % Iridium hinzugefügt. So konnte der Abrieb bei der Handhabung deutlich verringert werden. Jedes Land, das die Maßdefinition Kilogramm einführte, bekam eine exakte Kopie des Urkilogramms.

Jedoch haben Forscher im Laufe der Jahre bei den regelmäßigen Vergleichsmessungen vom Urkilogramm mit seinen Kopien festgestellt, dass das Urkilogramm in Paris auf rätselhafte Weise schrumpft und immer leichter wird. In den letzten 130 Jahren hat es 50 Mikrogramm (0,00005 g) verloren, was erst einmal nicht viel klingt. Aber in unserer Hightech-Welt, in der mit Nanometern (Millionstel Millimeter) oder Femtosekunden (Millionstel einer Milliardstel Sekunde) gemessen wird, könnte das zunehmend problematisch werden. Es ist natürlich nicht sehr praktisch, wenn die einzige wahre Definition einer Gewichtseinheit anfängt, nicht mehr zu stimmen. Das würde bedeuten, man müsste die Definition von einem Kilogramm ständig anpassen, was keinem zuzumuten wäre. So wäre 1 Kilogramm nicht mehr 1.000 g schwer, sondern nur noch 999,99995 g.

Es stand auch schon lange die Frage im Raum, was passiert, wenn das Urkilogramm beschädigt oder sogar gestohlen wird? Daher wurde im Jahre 2018 eine neue Definition des Kilogramms von 60 Staaten beschlossen. In Zukunft beruht die Definition allein auf einer Naturkonstante, dem sogenannten Planckschen Wirkungsquantum. Das fast 130 Jahre alte Unikat aus Platin hat damit ausgedient. Was ein Kilogramm ist, wird künftig als Ergebnis eines Experiments festgelegt, das jeder durchführen kann, der die entsprechende Ausrüstung dafür hat...

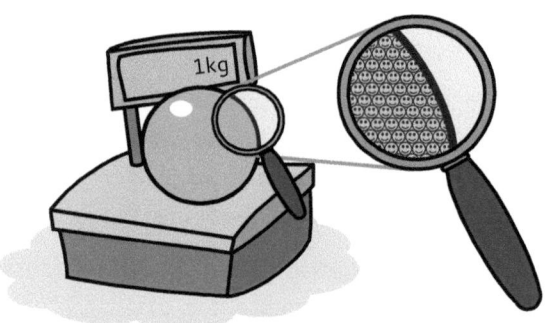

An der deutschen Physikalisch-Technischen Bundesanstalt (PTB) in Braunschweig haben Physiker eine neue Methode entwickelt: Sie nutzen das Gewicht eines einzelnen Silizium-Atoms, das immer und überall gleich ist (etwa $4{,}66 \cdot 10^{23}$ g, das sind winzige 0,00000000000000000000466 g). Daraus können sie nun berechnen, wie viele Siliziumatome für ein Kilogramm erforderlich sind. Aus hochreinem Silizium haben sie eine Kugel mit einem Durchmesser von 9,4 Zentimeter geformt, die genau 1 Kilogramm wiegt. Dann haben sie angefangen zu zählen, aus wie vielen Abermilliarden Silizium-Atomen diese Kugel besteht. Ein Kilogramm entspricht damit der Masse von etwa 21,5 Quadrillionen Siliziumatomen, eine Zahl mit 26 Ziffern: 21.442.552.457.980.500.000.000.000. Hoffentlich verzählt sich keiner!

Doch nun zurück zum Kilogramm. Wir haben bereits einen Würfel, der 1 Gramm wiegt. Mit vielen von diesen kleinen Würfeln bauen wir uns einen größeren Würfel. Bei einem Würfel sind alle Seiten gleich lang, somit benötigen wir für die Länge, die Breite und für die Höhe die gleiche Anzahl an Gramm-Würfeln. Da der Umrechnungsfaktor bei Gewichtseinheiten 1.000 beträgt, besteht jede Seitenlänge aus 10 mal 1-Gramm-Würfeln. Somit erhältst du einen großen Würfel, der aus $10 \cdot 10 \cdot 10 = 1.000$ mal 1-Gramm-Würfeln besteht. Die Masse dieses großen Würfels ist das Tausendfache eines Gramms, also 1.000 Gramm ($1\,g \cdot 1000 = 1.000\,g$). Diese Masse wird auch **Kilogramm** genannt und mit den Kleinbuchstaben **kg** abgekürzt ($1\,g \cdot 1.000 = 1.000\,g = 1\,kg$). Das Wort Kilogramm setzt sich aus den beiden Wörtern »Kilo« und »gramm« zusammen. Der Wortteil »Kilo« stammt vom altgriechischen Wort »chílioi« ab, das tausend bedeutet. Daher ist 1 Kilogramm das Tausendfache eines Gramms (1 kg = 1.000 g bzw. 1 g = 0,001 kg).

Ergänze auf der Einheitenleine die Gewichtseinheit »Kilogramm«. Da sie größer als die Grundeinheit Gramm ist, wird sie rechts von ihr aufgehängt:

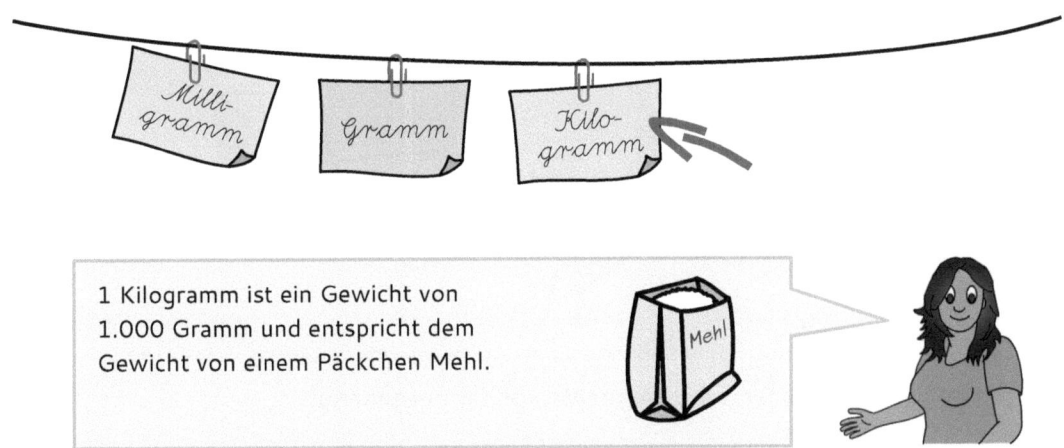

1 Kilogramm ist ein Gewicht von 1.000 Gramm und entspricht dem Gewicht von einem Päckchen Mehl.

Tonne

Wir haben nun einen Würfel, der 1 Kilogramm wiegt. Mit vielen von diesen Würfeln bauen wir uns einen noch größeren Würfel. Bei einem Würfel sind alle Seiten gleich lang, somit benötigen wir wieder für die Länge, die Breite und für die Höhe die gleiche Anzahl an Kilogramm-Würfeln. Da der Umrechnungsfaktor bei Gewichtseinheiten 1.000 beträgt, besteht jede Seitenlänge aus 10 mal 1-Kilogramm-Würfel. Somit erhältst du einen großen Würfel, der aus 10 · 10 · 10 = 1.000 mal 1-Kilogramm-Würfeln besteht. Die Masse dieses großen Würfels ist das Tausendfache eines Kilogramms, also 1.000 Kilogramm (1 kg · 1000 = 1.000 kg). Da ein Kilogramm bereits das Tausendfache eines Gramms darstellt, wiegt dieser Würfel das Millionenfache eines Gramms. Wenn du nun beide Umrechnungsfaktoren (1.000) multiplizierst, erhältst du die Zahl 1 Million (1.000 · 1.000 = 1.000.000). Daher würde die richtige Einheit eigentlich „Megagramm" lauten, da Mega für 1 Million steht, also 1.000.000 Gramm. Diese Masse wird aber schon seit vielen tausend Jahren einfach nur **Tonne** genannt und mit dem Kleinbuchstaben **t** abgekürzt (1 kg · 1.000 = 1.000 kg = 1 t). Das Wort »Tonne« stammt vom lateinischen Wort »tunna« ab, das einfach nur Fass bedeutet. Warum sich dieser Name eingebürgert hat, lässt sich heute nicht mehr sagen. 1 Tonne ist das Tausendfache eines Kilogramms (1 t = 1.000 kg bzw. 1 kg = 0,001 t).

Ergänze auf der Einheitenleine die Gewichtseinheit »Tonne«. Da sie größer als die Untereinheit Kilogramm ist, wird sie rechts von ihr aufgehängt:

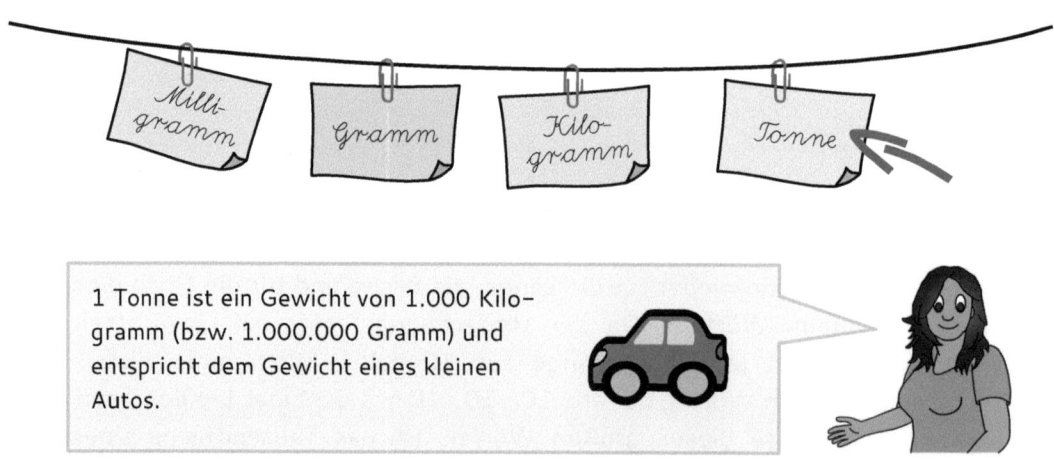

1 Tonne ist ein Gewicht von 1.000 Kilogramm (bzw. 1.000.000 Gramm) und entspricht dem Gewicht eines kleinen Autos.

5. Alte Gewichtsmaße

Die Menschen versuchten schon immer, gemeinsame Einheiten zu definieren. Sie erleichterten das tägliche Leben ungemein. Vor allem für Händler, die ihre Waren in einem anderen Land bzw. damals noch Königreich oder Herzogtum kauften oder verkauften, sind einheitliche Maßeinheiten ein Vorteil. Zumal die Waage eines der ältesten Messmittel überhaupt ist. Man konnte damit keinen absoluten Wert wie 2,5 Kilogramm bestimmen, aber man konnte zwei Gewichte miteinander vergleichen.

Eine große Erleichterung waren die Samenkörner des Johannisbrotbaums, die wegen ihres konstanten Durchschnittsgewichtes eine lange Zeit als Gewichtseinheit verwendet wurden. Karl der Große führte im Fränkischen Reich als einheitliche Gewichtseinheit das »Pfund« mit 406,5 Gramm ein. Auch wenn sich das Pfund rasch in ganz Europa verbreitete, war sein Wert von Stadt zu Stadt verschieden: In Nürnberg wog ein Pfund 510 Gramm, in Würzburg nur 480 Gramm und in Berlin mit nur 467 Gramm noch weniger. In Wien wog ein Pfund sogar 561 g.

Nachfolgend habe ich dir einige dieser alten Gewichtseinheiten aufgelistet:

Name	Gewicht	Gewicht heute	Merkmale
Richtteil	$\frac{1}{4}$ Gränchen	3,81476 mg	Apothekergewichte oder Medizinalgewichte
Gränchen	$\frac{1}{4}$ Gran	15,2588 mg	
Gran	$\frac{1}{64}$ Quint	61,036 mg	
Dekas	$\frac{1}{10}$ Centas	0,5 g	von lateinisch »decimus« „zehntel Centas" (5 g : 10 = 0,5 g)
Skrupel	$\frac{1}{24}$ Unze	1,3020833 g	
Quint	$\frac{1}{8}$ Unze oder $\frac{1}{128}$ Pfund	3,90625 g	
Centas	$\frac{1}{100}$ Pfund	5 g	von lateinisch »centesimus« „hundertstel Pfund" (500 g : 100 = 5 g)

Name	Gewicht	Gewicht heute	Merkmale
Unze	$\frac{1}{16}$ Pfund	31,25 g	wird heute noch in einigen englischsprachigen Ländern bei Lebensmitteln benutzt, beträgt umgerechnet 28,35 g
Zehnling	$\frac{1}{10}$ Pfund	50 g	
Vierling	$\frac{1}{4}$ Pfund	125 g	
Pfund	500 g	500 g	1858 vom ehemaligen deutschen Zollverein als 500 Gramm definiert
Zentner	100 Pfund	50 kg	von lateinisch »centum« „hundert Pfund" (100 · 500 g = 50.000 g = 50 kg)

In Mecklenburg gab es Gewichtseinheiten, die zum Teil lustige Namen hatten: So gab es den leichten Stein (10 Pfund) und den schweren Stein (22 Pfund). Daneben gab es in anderen Ländern noch weitere Gewichtseinheiten. In Österreich gab es beispielsweise den Saum ($2\frac{1}{4}$ Zentner = 126,2898 kg) oder die Schiffstonne (20 Zentner = 1,122576 t). Da sie alle auf dem Wiener Pfund (561,288 g) basierten, ergeben die Umrechnungen so krumme Zahlen. In Russland gab es noch den Packen, der 1.200 Funt (491,4 kg) schwer war. 1 Funt war das russische Pfund mit 409,5 g.

Bei so vielen verschiedenen Einheiten bist du sicherlich froh, dass im Jahr 1799 das Gramm festgelegt wurde...

6. Rechnen mit Gewichtseinheiten

Mit den Gewichtseinheiten kannst du nicht nur von einer Untereinheit in eine andere Untereinheit umrechnen, sondern du kannst mit ihnen auch gewöhnlich rechnen: Du kannst sie addieren, subtrahieren, multiplizieren oder auch dividieren.

Du kannst jedoch nur Maßzahlen berechnen, die die **gleiche** Untereinheit haben. Das bedeutet, du kannst beispielsweise nur Gramm mit Gramm und Kilogramm mit Kilogramm addieren. Bei verschiedenen Untereinheiten musst du dich zuerst auf eine gemeinsame Untereinheit festlegen und alle Maßzahlen entsprechend umrechnen. Entweder gehst du auf die größte oder auf die kleinste Untereinheit, die in deiner Rechnung vorkommt.

- Wenn du dich für die **größte Untereinheit** entscheidest, musst du mit **Kommas** rechnen, da die Maßzahlen der kleineren Untereinheiten dann alle ein Komma haben.
- Wenn du dich für die **kleinste Untereinheit** entscheidest, hast du kein Komma, allerdings werden deine **Maßzahlen größer**, da die kleineren Untereinheiten ein Vielfaches der größeren Untereinheiten darstellen.

Wenn du mehrere verschiedene Untereinheiten in einer Rechnung hast, kannst du auch auf die Untereinheit gehen, die am häufigsten vorkommt. So musst du am wenigsten umrechnen.

6.1. Addition von Gewichtseinheiten

Das Wort Addition stammt vom lateinischen Wort »addere« und bedeutet »hinzufügen«. Du fügst zu einer Zahl eine oder mehrere Zahlen hinzu. Die einzelnen Zahlen einer Addition werden Summanden genannt, das Ergebnis ist die Summe. Dabei spielt es keine Rolle, ob du gewöhnliche Zahlen addierst oder ob es sich um Größen handelt.

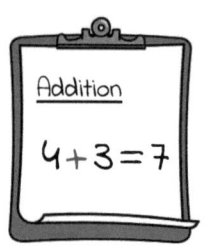

Addition von gleichen Untereinheiten

Bevor du mit der Addition beginnst, müssen alle Untereinheiten in der Rechnung **gleich** sein. Sind die Untereinheiten bereits gleich, gehst du so vor, wie du es bei der Addition von Zahlen gewöhnt bist: Du addierst alle Maßzahlen miteinander. Die gemeinsame Untereinheit wird beibehalten. Die Summe aus zwei oder mehreren Größen ist wieder eine Größe.

Hier ein Beispiel: Julias Hase wiegt 1 kg, Marias Katze ist 3 kg schwer. Wie schwer sind beide Haustiere, wenn man sie zusammen auf die Waage stellt?

Beide Untereinheiten sind gleich, also addierst du die beiden Maßzahlen: 1 + 3 = 4. Die gemeinsame Untereinheit hängst du anschließend wieder hinten an: 4 kg. Sie sind zusammen 4 kg schwer.

So addierst du gleiche Untereinheiten	So sieht es aus
Du sollst diese Gewichte addieren:	1 kg + 3 kg
1. Du hast zweimal die gleiche Untereinheit: **kg** (Kilo- gramm).	1 kg + 3 kg
2. Addiere zuerst die beiden Maßzahlen: **1 + 3 = 4**.	1 kg + 3 kg = 4
3. Die gemeinsame Untereinheit (**kg**) wird beibehalten. Hänge sie wieder hinten an: **4 kg**.	1 kg + 3 kg = 4 kg
4. Das Ergebnis lautet **4 kg**.	4 kg

> Bei der Addition von Größen mit gleichen Untereinheiten addierst du alle Maßzahlen miteinander. Die gemeinsame Untereinheit wird beibehalten. Die Summe aus zwei oder mehreren Größen ist wieder eine Größe.

Addition von verschiedenen Untereinheiten

Du hast aber nicht immer das Glück, dass die Einheiten gleich sind. In diesem Fall musst du dich zuerst auf eine gemeinsame Untereinheit festlegen und alle Maßzahlen entsprechend umrechnen. Entweder wählst du die größte oder die kleinste Untereinheit, die in der Rechnung vorkommt. Sind die Untereinheiten dann gleich, gehst du so  vor, wie du es bei der Addition von Zahlen gewöhnt bist: Du addierst alle Maßzahlen miteinander. Die gemeinsame Untereinheit wird beibehalten. Die Summe aus zwei oder mehreren Größen ist wieder eine Größe.

Hier ein Beispiel: Julias Hase wiegt 1,2 kg. Die Schildkröte von Martina ist 375 g und der Kanarienvogel von Saskia 25 g schwer. Was wiegen die Haustiere, wenn man sie zusammen auf die Waage stellt?

Die Untereinheiten sind unterschiedlich, daher musst du dich zuerst auf eine gemeinsame Untereinheit festlegen und die anderen Größen entsprechend umrechnen. Hier bietet es sich an, auf Gramm (g) zu rechnen, da du diese Einheit zwei mal in der Rechnung hast. So musst du nur eine Größe umrechnen.

Die erste Größe (Gewicht Julias Hase) ist in Kilogramm (kg), bis zu Gramm ist es eine Untereinheit. Die Maßzahl wird daher einmal mit 1.000 multipliziert: 1,2 kg (· 1.000) = 1.200 g. Die zweite Größe (Gewicht Martinas Schildkröte) ist bereits in Gramm (g). Die dritte Größe (Gewicht Saskias Kanarienvogel) ist auch bereits in Gramm (g). Jetzt sind die Untereinheiten gleich, daher zählst du die Maßzahlen zusammen (1.200 + 375 + 25 = 1.600) und hängst die gemeinsame Untereinheit anschließend wieder hinten an: 1.600 g. Dieses Ergebnis könntest du jetzt noch umrechnen, damit die Zahl kleiner wird: 1.600 g (: 1.000) = 1,6 kg. Die Haustiere wiegen zusammen 1.600 g bzw. 1,6 kg.

So addierst du verschiedene Untereinheiten	So sieht es aus
Du sollst diese Gewichte addieren:	$1,2\,\mathrm{kg} + 375\,\mathrm{g} + 25\,\mathrm{g}$
1. Du hast zwei verschiedene Untereinheiten: **kg** (Kilogramm) und **g** (Gramm). Als gemeinsame Untereinheit bietet sich Gramm an.	$1,2\,\mathrm{kg} + 375\,\mathrm{g} + 25\,\mathrm{g}$

So addierst du verschiedene Untereinheiten	So sieht es aus
2. Du musst die erste Größe (Gewicht Julias Hase) umrechnen. Da du auf eine kleinere Untereinheit rechnest (von kg auf g), musst du einmal mit 1.000 multiplizieren (↓): 1,2 kg (· 1.000) = 1.200 g.	kg→g (1kg=1000g) 1,2kg(·1000)=1200g
3. Alle Größen haben jetzt die gleiche Untereinheit (g) und du kannst mit der Addition beginnen.	1200g+375g+25g
4. Addiere zuerst die Maßzahlen: 1.200 + 375 + 25 = 1.600.	1200g+375g+25g =1600
5. Die gemeinsame Untereinheit (g) wird beibehalten. Hänge sie wieder hinten an: 1.600 g.	1200g+375g+25g =1600g
6. Das Ergebnis lautet 1.600 g.	1600g
7. Du könntest das Ergebnis noch umrechnen, damit die Zahl kleiner wird. Da du auf die nächstgrößere Untereinheit rechnest, musst du die Maßzahl einmal durch 1.000 dividieren (↑): 1.600 g (: 1.000) = 1,6 kg.	g→kg (1000g=1kg) 1600g(:1000)=1,6kg

Bei der Addition von Größen mit verschiedenen Untereinheiten musst du dich zuerst auf eine gemeinsame Untereinheit festlegen. Addiere anschließend alle Maßzahlen miteinander, die gemeinsame Untereinheit wird beibehalten. Die Summe aus zwei oder mehreren Größen ist wieder eine Größe.

6.2. Subtraktion von Gewichtseinheiten

Das Wort Subtraktion stammt aus dem Lateinischen und bedeutet »abziehen«. Du ziehst von einer meist größeren Zahl eine oder mehrere kleinere Zahlen ab. Die erste Zahl bei einer Subtraktion wird Minuend, die zweite Zahl Subtrahend genannt, das Ergebnis ist die Differenz. Dabei spielt es keine Rolle, ob du gewöhnliche Zahlen subtrahierst oder ob es sich um Größen handelt.

Subtraktion von gleichen Untereinheiten

Bevor du mit der Subtraktion beginnst, müssen alle Untereinheiten in der Rechnung **gleich** sein. Sind die Untereinheiten bereits gleich, gehst du so vor, wie du es bei der Subtraktion von Zahlen gewöhnt bist: Du subtrahierst alle Maßzahlen. Die gemeinsame Untereinheit wird beibehalten. Die Differenz aus zwei oder mehreren Größen ist wieder eine Größe.

Hier ein Beispiel: Nathalie will einen Kuchen backen. Dazu benötigt sie 800 g Mehl. 560 g hat sie bereits abgewogen. Wie viel Mehl muss sie noch hinzugeben?

Du hast bei dieser Subtraktion nur eine Untereinheit (Gramm). Daher subtrahierst du die beiden Maßzahlen (800 − 560 = 240) und hängst die gemeinsame Untereinheit anschließend wieder hinten an: 240 g. Sie muss noch 240 g Mehl hinzugeben.

So subtrahierst du gleiche Untereinheiten	So sieht es aus
Du sollst diese Gewichte subtrahieren.	$800\,g - 560\,g$
1. Du hast zweimal die gleiche Untereinheit: **g** (Gramm).	$800\,g - 560\,g$
2. Du subtrahierst die beiden Zahlen: **800 – 560 = 240**.	$800\,g - 560\,g$ $= 240$
3. Die gemeinsame Untereinheit (**g**) wird beibehalten. Hänge sie wieder hinten an: **240 g**.	$800\,g - 560\,g$ $= 240\,g$
4. Das Ergebnis lautet **240 g**.	$240\,g$

Bei der Subtraktion von Größen mit gleichen Untereinheiten subtrahierst du alle Maßzahlen voneinander. Die gemeinsame Untereinheit wird beibehalten. Die Differenz aus zwei oder mehreren Größen ist wieder eine Größe.

Subtraktion von verschiedenen Untereinheiten

Du hast aber nicht immer das Glück, dass die Untereinheiten gleich sind. In diesem Fall musst du dich zuerst auf eine gemeinsame Untereinheit festlegen und alle Maßzahlen entsprechend umrechnen. Entweder wählst du die größte, die kleinste oder die am häufigsten in deiner Rechnung vorkommende Untereinheit. Sind die Untereinheiten

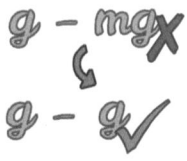

dann gleich, gehst du so vor, wie du es bei der Subtraktion von Zahlen gewöhnt bist: Du subtrahierst alle Maßzahlen. Die gemeinsame Untereinheit wird beibehalten. Die Differenz aus zwei oder mehreren Größen ist wieder eine Größe.

Hier ein Beispiel: Maria ist mit ihren beiden Pferden zu einem Reitturnier gefahren. Ihre beiden Pferde wiegen 562 kg und 425 kg. Der Pferdetransporter bringt mit den Pferden 3,787 t auf die Waage. Was wiegt der Pferdetransporter leer?

Die Untereinheiten sind unterschiedlich, daher musst du dich zuerst auf eine gemeinsame Untereinheit festlegen und die anderen Größen entsprechend umrechnen. Hier bietet es sich an, auf Kilogramm (kg) zu rechnen, da du diese Einheit zwei mal in der Rechnung hast. So musst du nur eine Größe umrechnen.

Die erste Größe (Gewicht des beladenen Pferdetransporters) ist in Tonnen (t), bis zu Kilogramm ist es eine Untereinheit. Die Maßzahl wird daher einmal mit 1.000 multipliziert: 3,787 t (· 1.000) = 3.787 kg. Die zweite Größe (das schwarze Pferd) ist bereits in Kilogramm (kg). Die dritte Größe (das braune Pferd) ist auch bereits in Kilogramm (kg). Jetzt sind die Untereinheiten gleich, daher subtrahierst du die Maßzahlen (3.787 − 562 − 425 = 2.800) und hängst die Maßeinheit anschließend wieder hinten an: 2.800 kg. Dieses Ergebnis könntest du jetzt noch umrechnen, damit die Zahl kleiner wird: 2.800 kg (: 1.000) = 2,8 t. Der Pferdetransporter wiegt leer 2.800 kg bzw. 2,8 t.

So subtrahierst du verschiedene Untereinheiten	So sieht es aus
Du sollst diese Gewichte subtrahieren:	`3,787t-562kg-425kg`
1. Du hast verschiedene Untereinheiten: t (Tonne) und kg (Kilogramm). Als gemeinsame Einheit bietet sich Kilogramm an.	`3,787t-562kg-425kg`
2. Du musst die erste Größe (Gewicht des beladenen Pferdetransporters) umrechnen. Da du auf eine kleinere Untereinheit rechnest (von t auf kg), musst du einmal mit 1.000 multiplizieren (↓): 3,787 t (· 1.000) = 3.787 kg.	`t→kg  (1t=1000kg)` `3,787t(·1000)=3787kg`
3. Alle Größen haben jetzt die gleiche Untereinheit (kg) und du kannst mit der Subtraktion starten.	`3787kg-562kg-425kg`
4. Subtrahiere zuerst die Maßzahlen: 3.787 − 562 − 425 = 2.800.	`3787kg-562kg-425kg` `=2800`
5. Die gemeinsame Untereinheit (kg) wird beibehalten. Hänge sie wieder hinten an: 2.800 kg.	`3787kg-562kg-425kg` `=2800kg`
6. Das Ergebnis lautet 2.800 kg.	`2800kg`
7. Du könntest das Ergebnis noch umrechnen, damit die Zahl kleiner wird. Da du auf die nächstgrößere Untereinheit rechnest, musst du die Maßzahl einmal durch 1.000 dividieren (↑): 2.800 kg (: 1.000) = 2,8 t.	`kg→t  (1000kg=1t)` `2800kg(:1000)=2,8t`

Bei der Subtraktion von Größen mit verschiedenen Untereinheiten musst du dich zuerst auf eine gemeinsame Untereinheit festlegen. Subtrahiere anschließend alle Maßzahlen miteinander, die gemeinsame Untereinheit wird beibehalten. Die Differenz aus zwei oder mehreren Größen ist wieder eine Größe.

6.3. Multiplikation von Gewichtseinheiten

Das Wort Multiplikation stammt vom lateinischen Wort »multiplicare« und bedeutet »vervielfachen«. Du vervielfachst eine Zahl um eine andere. Die zweite Zahl ist der Multiplikand und gibt an, wie oft der Multiplikator (die 1. Zahl) mal genommen wird. Das Ergebnis wird Produkt genannt. Dabei spielt es keine Rolle, ob du gewöhnliche Zahlen multiplizierst oder ob es sich um Größen handelt.

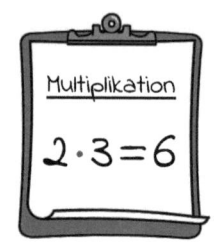

Da du in der Regel nur eine Gewichtseinheit mit einer Zahl multiplizierst, gehe ich auch nur auf diese Art der Multiplikation ein Die Vorgehensweise bei der Multiplikation von einer Gewichtseinheit mit einer Zahl ist sehr einfach: Da du nur eine Untereinheit hast, musst du nicht zuerst eine gemeinsame Untereinheit suchen und dann umrechnen. Du kannst gleich mit der Multiplikation starten. Multipliziere einfach die Maßzahl mit der Zahl. Die Untereinheit hängst du anschließend wieder hinten an. Das Produkt aus einer Größe und einer Zahl ist wieder eine Größe.

Hier ein Beispiel: Eine Birne wiegt 200 g. Es werden immer 8 Birnen in eine Kiste gelegt. Was wiegen die Birnen in der vollen Kiste?

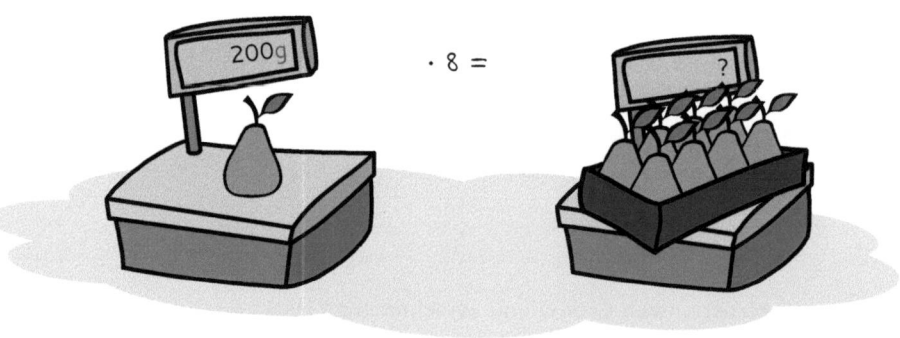

Du hast bei dieser Multiplikation nur eine Einheit (Gramm). Daher multiplizierst du die Maßzahl mit der Zahl (200 · 8 = 1.600) und hängst die Untereinheit anschließend wieder hinten an: 1.600 g. Dieses Ergebnis könntest du jetzt noch umrechnen, damit die Zahl kleiner wird: 1.600 g (: 1.000) = 1,6 kg. Die Birnen in der Kiste wiegen 1.600 g bzw. 1,6 kg.

So multiplizierst du eine Zahl mit einer Gewichtseinheit	So sieht es aus
Du sollst diese Gewichte multiplizieren.	$200\,g \cdot 8$
1. Du hast nur eine Untereinheit: g (Gramm).	$200\,g \cdot 8$
2. Multipliziere die Zahl mit der Maßzahl: $200 \cdot 8 = 1.600$.	$200\,g \cdot 8$ $= 1600$
3. Die gemeinsame Untereinheit (g) wird beibehalten. Hänge sie wieder hinten an: **1.600 g**.	$200\,g \cdot 8$ $= 1600\,g$
4. Das Ergebnis lautet **1.600 g**.	$1600\,g$
5. Du könntest das Ergebnis noch umrechnen, damit die Zahl kleiner wird. Da du auf die nächstgrößere Untereinheit rechnest, musst du die Maßzahl einmal durch 1.000 dividieren (↑): 1.600 g (: 1.000) = 1,6 kg.	$g \rightarrow kg$ $(1000g = 1kg)$ $1600g(:1000) = 1{,}6kg$

Bei der Multiplikation von einer Größe mit einer Zahl multiplizierst du die Maßzahl mit der Zahl und hängst die Untereinheit anschließend wieder an. Das Produkt aus einer Größe und einer Zahl ist wieder eine Größe.

6.4. Division von Gewichtseinheiten

Das Wort Division stammt vom lateinischen Wort »divisio« und bedeutet »teilen«. Du teilst eine Zahl durch eine andere Zahl. Die erste Zahl ist der Dividend und wird entsprechend dem Divisor (2. Zahl) geteilt. Das Ergebnis wird Quotient genannt. Dabei spielt es keine Rolle, ob du gewöhnliche Zahlen dividierst oder ob es sich um Größen handelt.

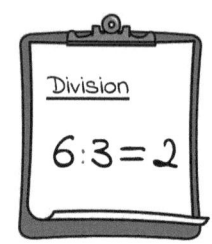

Division durch eine Zahl

Die Vorgehensweise bei der Division von einer Gewichtseinheit durch eine Zahl ist sehr einfach: Da du nur eine Untereinheit hast, musst du nicht zuerst eine gemeinsame Untereinheit suchen und dann umrechnen. Du kannst gleich mit der Division starten. Dividiere einfach die Maßzahl durch die Zahl. Die Untereinheit hängst du anschließend wieder hinten an. Der Quotient aus einer Größe und einer Zahl ist wieder eine Größe.

Hier ein Beispiel: Marinettes Mutter hat 500 g Reis gekocht, den sie nun in 4 Portionen aufteilen will. Wie schwer ist eine Portion?

Du hast bei dieser Division nur eine Untereinheit (Gramm). Daher dividierst du die Maßzahl durch die Zahl (500 : 4 = 125) und hängst die Untereinheit anschließend wieder hinten an: 125 g. Eine Portion ist 125 g schwer.

So dividierst du eine Untereinheit durch eine Zahl	So sieht es aus
Du sollst dieses Gewicht dividieren.	$500\,g : 4$
1. Du hast nur eine Untereinheit: **g** (Gramm).	$500\,g : 4$
2. Dividiere die Maßzahl durch die Zahl: **500 : 4 = 125**.	$500\,g : 4$ $= 125$
3. Die gemeinsame Untereinheit (**g**) wird beibehalten. Hänge sie wieder hinten an: **125 g**.	$500\,g : 4$ $= 125\,g$
4. Das Ergebnis lautet **125 g**.	$125\,g$

Bei der Division von einer Größe durch eine Zahl dividierst du die Maßzahl durch die Zahl und hängst die Maßeinheit anschließend wieder an. Der Quotient aus einer Größe und einer Zahl ist wieder eine Größe.

Division von zwei Untereinheiten

Bevor du mit der Division beginnst, müssen alle Untereinheiten in der Rechnung **gleich** sein. Sind die Untereinheiten verschieden, so musst du dich zuerst auf eine gemeinsame Untereinheit festlegen und alle anderen Größen entsprechend umrechnen. Sind die Untereinheiten gleich, gehst du so vor, wie du es bei der Division von Zahlen

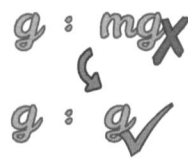

gewöhnt bist: Du dividierst zuerst alle Maßzahlen miteinander. Die gleiche Untereinheit wird ebenfalls dividiert, hebt sich dabei auf und fällt dadurch weg. Der Quotient aus zwei Größen ist daher eine Zahl ohne Einheit.

Hier ein Beispiel: Marinettes Mutter hat 0,5 kg Reis gekocht, den sie nun in Portionen zu je 100 g aufteilen will. Wie viele Portionen bekommt sie?

Du hast bei dieser Division zwei Untereinheiten (Kilogramm und Gramm), daher musst du dich zuerst auf eine gemeinsame Untereinheit festlegen und die andere Größe entsprechend umrechnen. Hier bietet es sich an, auf die kleinere Untereinheit zu rechnen, dadurch hast du kein Komma. Die kleinere Untereinheit in dieser Rechnung ist Gramm (g).

Die erste Größe (Gewicht des gekochten Reis) ist Kilogramm (kg), bis zu Gramm ist es eine Untereinheit. Die Maßzahl wird daher einmal mit 1.000 multipliziert: 0,5 kg (· 1.000) = 500 g. Die zweite Größe (Gewicht einer Portion) ist bereits in Gramm. Jetzt sind die Untereinheiten gleich, daher dividierst du die Maßzahlen (500 : 100 = 5). Als nächstes dividierst du die Untereinheit durch die gleiche Untereinheit. Sie hebt sich dabei auf, da diese Division 1 ergibt (g : g = 1). Das Ergebnis ist daher eine reine Zahl ohne Einheit. Marinettes Mutter bekommt 5 Portionen.

So dividierst du zwei Größen	So sieht es aus
Du sollst dieses Gewicht dividieren.	$0,5\,kg:100\,g$
1. Du hast zwei verschiedene Untereinheiten: **kg** (Kilogramm) und **g** (Gramm).	$0,5\,kg:100\,g$
2. Du musst die erste Größe (Gewicht des gekochten Reis) umrechnen. Da du auf eine kleinere Untereinheit rechnest (von kg auf g), musst du einmal mit 1.000 multiplizieren ($\downarrow$): 0,5 kg ($\cdot$ 1.000) = 500 g.	$kg \rightarrow g \quad (1\,kg = 1000\,g)$ $0,5\,kg\,(\cdot 1000) = 500\,g$
3. Beide Größen haben jetzt die gleiche Untereinheit (**g**) und du kannst mit der Division beginnen.	$500\,g:100\,g$
4. Dividiere zuerst die beiden Maßzahlen: **500 : 100 = 5.**	$500\,g:100\,g$ $= 5$
5. Dividiere anschließend die gemeinsame Untereinheit: **g : g = 1**. Die Division der Untereinheiten ergibt als Ergebnis 1 und sie heben sich somit auf. Da 5 · 1 = 5 ist, lautet das Ergebnis 5.	$500\,g:100\,g$ $= 5\,g:g$ $= 5 \cdot 1$ $= 5$
6. Das Ergebnis lautet **5.**	5

Bei der Division von einer Größe durch eine Größe dividierst du alle Maßzahlen miteinander. Die gemeinsame Untereinheit hebt sich auf und fällt dadurch weg. Der Quotient aus zwei Größen ist eine Zahl (ohne Einheit).

6.5. Gewichtseinheiten vergleichen

Du kannst auch zwei oder mehrere Gewichte miteinander vergleichen. Bevor du mit dem Vergleichen beginnst, müssen wieder alle
Untereinheiten **gleich** sein. Sind die Untereinheiten verschieden,
so musst du dich zuerst auf eine gemeinsame Untereinheit festlegen und alle anderen Größen entsprechend umrechnen. Sind die
Untereinheiten gleich, kannst du mit dem Vergleichen starten.

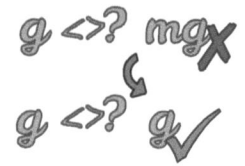

Kleiner als

Du schaust dir dabei immer nur zwei Maßzahlen an. Ist die **linke
Maßzahl wertmäßig kleiner** als die rechte Maßzahl, so schreibst
du das **Kleiner-als-Zeichen** zwischen beide Maßzahlen. Dargestellt wird es mit dem Symbol <, das einem nach links zeigendem
Pfeil ähnelt (links ist die kleinere Zahl).

Kleiner als

$$3 < 6$$

Hier ein Beispiel: Ein Donut wiegt 120 g, ein Stück Erdbeertorte
130 g. Vergleiche beide Gewichte.

Du hast bei diesem Vergleich nur eine Untereinheit (Gramm). Die linke Maßzahl (120)
ist wertmäßig kleiner als die rechte Maßzahl (130), daher schreibst du das Kleiner-als-
Zeichen (<) dazwischen: 120 g < 130 g. Das Ergebnis lautet: 120 g ist kleiner als (<)
130 g.

So vergleichst du zwei Gewichtseinheiten	So sieht es aus
Du sollst diese Gewichte vergleichen.	120g 130g
1. Du hast nur eine Untereinheit: g (Gramm).	120g 130g
2. Die linke Maßzahl (120) ist **wertmäßig kleiner** als die rechte Maßzahl (130), daher schreibst du das **Kleiner-als-Zeichen (<)** dazwischen.	120g 130g 120g<130g
3. Das Ergebnis lautet: 120 g ist kleiner als (<) 130 g.	120g<130g

Das Kleiner-als-Zeichen (<) wird verwendet, wenn zwei Maßzahlen miteinander verglichen werden und die linke Maßzahl wertmäßig kleiner als die rechte Maßzahl ist.

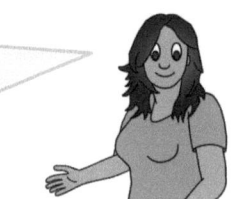

größer als

Du schaust dir dabei immer nur zwei Maßzahlen an. Ist die **linke Maßzahl wertmäßig größer** als die rechte Maßzahl, so schreibst du das **Größer-als-Zeichen** zwischen beide Maßzahlen. Dargestellt wird es mit dem Symbol >, das einem nach rechts zeigendem Pfeil ähnelt (links ist die größere Zahl).

Größer als

$6>3$

Hier ein Beispiel: Ein Geländewagen wiegt 2.500 kg, eine Limousine 2,1 t. Vergleiche beide Gewichte.

Du hast bei diesem Vergleich zwei Untereinheiten (Kilogramm und Tonne), daher musst du dich zuerst auf eine gemeinsame Untereinheit festlegen und die andere Größe entsprechend umrechnen. Hier bietet es sich an, auf die größere Untereinheit zu rechnen. Du hast dann zwar ein Komma, aber die Zahlen sind klein. Die größere Untereinheit in dieser Rechnung ist Tonne (t).

Die erste Größe (Gewicht des Geländewagens) ist Kilogramm (kg), bis zu Tonne ist es eine Untereinheit. Die Maßzahl wird daher einmal durch 1.000 dividiert: 2.500 kg (: 1.000) = 2,5 t. Die zweite Größe (Gewicht der Limousine) ist bereits in Tonne. Jetzt sind die Untereinheiten gleich, daher vergleichst du nur die Maßzahlen: Die linke Maßzahl (2,5) ist wertmäßig größer als die rechte Maßzahl (2,1), daher schreibst du das Größer-als-Zeichen (>) dazwischen: 2,5 t > 2,1 t. Das Ergebnis lautet: 2,5 t ist größer als (>) 2,1 t.

So vergleichst du zwei Gewichtseinheiten	So sieht es aus
Du sollst diese Gewichte vergleichen.	`2500kg 2,1t`
1. Du hast zwei verschiedene Untereinheiten: **kg** (Kilogramm) und **t** (Tonne).	`2500kg 2,1t`
2. Du musst die erste Größe (Gewicht des Geländewagens) umrechnen. Da du auf eine größere Untereinheit rechnest (von kg auf t), musst du einmal durch 1.000 dividieren (↑): **2.500 kg (: 1.000) = 2,5 t.**	`kg→t (1000kg=1t)` `2500kg(:1000)=2,5` `t`
3. Beide Größen haben jetzt die gleiche Untereinheit (**t**) und du kannst mit dem Vergleichen beginnen.	`2,5t 2,1t`
4. Die linke Maßzahl (2,5) ist **wertmäßig größer** als die rechte Maßzahl (2,1), daher schreibst du das **Größer-als-Zeichen (>)** dazwischen.	`2,5t 2,1t` `2,5t>2,1t`
5. Das Ergebnis lautet: 2,5 t ist größer als (>) 2,1 t.	`2,5t>2,1t`

Das Größer-als-Zeichen (>) wird verwendet, wenn zwei Maßzahlen miteinander verglichen werden und die linke Maßzahl wertmäßig größer als die rechte Maßzahl ist.

7. Übungsaufgaben

Nachdem du nun die Grundlagen der Gewichtseinheiten gelernt hast, ist es an der Zeit, dein neues Wissen anzuwenden. Hier findest du viele Übungsaufgaben, bei denen du ausgiebig üben kannst. Denke daran, dass der Umrechnungsfaktor bei Gewichtseinheiten 1.000 beträgt.

Übungen zu „Vorsätze für Gewichtseinheiten"

→ die Lösungen stehen ab Seite 58

1. Wie heißt die nächstkleinere Gewichtseinheit?

a) Gramm =   b) Tonne =

c) Kilogramm =

2. Wie heißt die nächstgrößere Gewichtseinheit?

a) Milligramm =   b) Gramm =

c) Kilogramm =

3. Wie viel bedeutet der Vorsatz?

a) Kilo =   b) Milli =

4. Ordne den Gewichtseinheiten die richtige Abkürzung zu:

a) Tonne   kg

b) Milligramm   g

c) Gramm   mg

d) Kilogramm   t

Übungen zu „Vorsätze für Teile eines Gramms"

→ die Lösungen stehen ab Seite 59

5. Rechne diese Gewichte in Milligramm (mg) um:

a) 5 g   b) 4 g   c) 37 g

d) 75 g   e) 866 g   f) 234 g

g) 2.887 g   h) 9.025 g   i) 3,89 g

j) 5,4 g   k) 6,113 g   l) 56,343 g

6. Rechne diese Gewichte in Gramm (g) um:

a) 4 mg   b) 6 mg   c) 70 mg

d) 28 mg   e) 834 mg   f) 615 mg

g) 2.596 mg   h) 8.421 mg   i) 1,84 mg

j) 8,78 mg   k) 54,16 mg   l) 30,772 mg

Übungen zu „Vorsätze für ein vielfaches eines Gramms"

→ die Lösungen stehen ab Seite 59

7. Rechne diese Gewichte in Gramm (g) um:

a) 9 kg   b) 8 kg   c) 6 t

d) 64 kg   e) 13 kg   f) 80 t

g) 890 kg   h) 143 t   i) 7.904 kg

j) 33,983 kg   k) 71,738 t   l) 0,326 kg

8. Rechne diese Gewichte in Kilogramm (kg) um:

a) 9 t

b) 3 t

c) 9 g

d) 40 g

e) 73 t

f) 76 g

g) 220 g

h) 4.020 g

i) 0,888 t

j) 88,022 g

k) 20,54 g

l) 27,74 t

9. Rechne diese Gewichte in Tonne (t) um:

a) 8 kg

b) 5 kg

c) 4 g

d) 67 g

e) 20 kg

f) 36 g

g) 646 g

h) 131 kg

i) 2.989 kg

j) 53,042 g

k) 49,637 kg

l) 33,709 kg

Übungen zu „zwischen den Untereinheiten umrechnen"

→ die Lösungen stehen ab Seite 61

10. Rechne diese Gewichte in Milligramm (mg) um:

a) 9 g

b) 9 t

c) 7 kg

d) 10 g

e) 4 kg

f) 10 kg

g) 74 kg

h) 36 t

i) 88 g

j) 49 kg

k) 78 g

l) 68 g

11. Rechne diese Gewichte in Milligramm (mg) um:

a) 119 t

b) 386 g

c) 912 g

d) 368 t

e) 829 kg

f) 504 g

g) 17,50 g

h) 34,12 kg

i) 56,9 t

j) 68,706 kg

k) 34,893 g

l) 21,94 kg

12. Rechne diese Gewichte in Gramm (g) um:

a) 10 t

b) 5 mg

c) 6 kg

d) 10 kg

e) 5 kg

f) 8 mg

g) 65 mg

h) 74 kg

i) 79 t

j) 64 kg

k) 62 mg

l) 34 mg

13. Rechne diese Gewichte in Gramm (g) um:

a) 811 t

b) 287 t

c) 929 kg

d) 287 kg

e) 974 mg

f) 689 mg

g) 82,869 kg

h) 72,632 t

i) 21,497 kg

j) 55,268 kg

k) 53,625 mg

l) 68,544 t

14. Rechne diese Gewichte in Kilogramm (kg) um:

a) 6 g

b) 9 t

c) 2 mg

d) 8 t

e) 3 t

f) 10 g

g) 26 mg

h) 26 t

i) 57 mg

j) 52 g

k) 18 g

l) 30 mg

15. Rechne diese Gewichte in Kilogramm (kg) um:

a) 621 g

b) 695 mg

c) 527 t

d) 309 g

e) 240 mg

f) 793 t

g) 25,284 mg

h) 57,517 g

i) 69,96 g

j) 41,139 g

k) 59,068 t

l) 3,069 g

16. Rechne diese Gewichte in Tonne (t) um:

a) 3 mg

b) 10 mg

c) 7 kg

d) 3 g

e) 5 g

f) 9 mg

g) 79 mg

h) 68 g

i) 84 mg

j) 57 g

k) 47 g

l) 24 kg

17. Rechne diese Gewichte in Tonne (t) um:

a) 494 kg

b) 123 kg

c) 476 mg

d) 917 g

e) 398 kg

f) 850 g

g) 12,847 mg

h) 28,45 g

i) 67,986 mg

j) 17,544 g

k) 74,619 kg

l) 49,338 kg

→ die Lösungen stehen ab Seite 64

18. Addiere diese Längen und wandle in die größte Einheit um:

a) 57 g + 45 kg

b) 31 mg + 29 g

c) 56 kg + 77 t

d) 31 g + 42 kg

e) 33 kg + 52 t

f) 60 mg + 59 g

g) 32 kg + 566 g

h) 75 t + 196 kg

i) 53 kg + 18 g

j) 66 g + 592 mg

k) 56 t + 703 kg

l) 68 kg + 426 g

19. Addiere diese Gewichte und wandle in die kleinste Einheit um:

a) 41 t + 265 kg

b) 5 g + 232 mg

c) 49 g + 162 mg

d) 37 t + 508 kg

e) 51 kg + 675 g

f) 75 g + 397 mg

g) 59 g + 74 kg

h) 77 kg + 63 t

i) 32 mg + 20 g

j) 57 kg + 32 t

k) 80 kg + 88 t

l) 27 kg + 50 t

20. Addiere diese Gewichte und wandle in die kleinste Einheit um:

a) 8 t + 68 g + 769 kg

b) 19 kg + 136 mg + 158 g

c) 2 g + 483 mg + 482 g

d) 4 t + 249 g + 683 kg

e) 8 kg + 421 mg + 489 g

f) 7 kg + 19 mg + 392 g

g) 4 kg + 172 mg + 586 g

h) 4 kg + 168 g + 644 kg

i) 23 g + 736 mg + 101 g

j) 40 t + 326 kg + 166 t

k) 3 t + 566 g + 830 kg

l) 11 t + 280 g + 190 kg

21. Addiere diese Gewichte und wandle in eine sinnvolle Einheit um:

a) 15 t + 344 kg + 942 g + 29 kg

b) 55 t + 371 kg + 232 g + 6 kg

c) 40 kg + 124 g + 889 mg + 16 g

d) 74 kg + 455 g + 411 mg + 9 g

e) 11 t + 719 kg + 184 g + 18 kg

f) 46 t + 335 kg + 109 g + 19 kg

g) 47,26 kg + 377 g + 1.715 mg + 31 g

h) 59,49 t + 229 kg + 750 g + 5 kg

i) 59,15 t + 669 kg + 4.657 g + 27 kg

j) 30,4 kg + 429 g + 1.508 mg + 2 g

k) 24,78 t + 844 kg + 7.094 g + 29 kg

l) 4,7 t + 863 kg + 544 g + 21 kg

22. Stelle mit folgenden Gewichten diese Gewichtsangaben zusammen:

a) 1,353 kg	b) 101 g
c) 0,799 kg	d) 1,266 kg
e) 742 g	f) 454 g
g) 134 g	h) 149 g
i) 1,295 kg	j) 1,117 kg
k) 529 g	l) 288 g

23. Stelle mit folgenden Gewichte diese Gewichtsangaben zusammen:

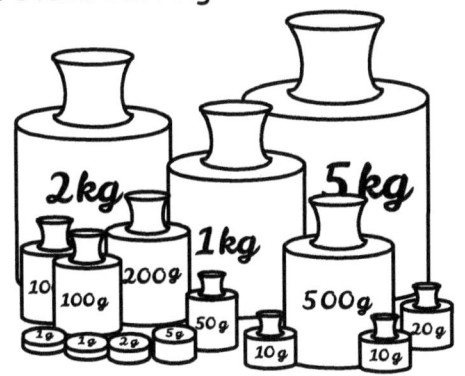

a) 8.289 g	b) 673 g
c) 7,358 kg	d) 6.422 g
e) 1,963 kg	f) 5,818 kg
g) 2,160 kg	h) 7.652 g
i) 5.875 g	j) 7,724 kg
k) 0,849 kg	l) 1.790 g

Übungen zu „Subtraktion von Gewichtseinheiten"

→ die Lösungen stehen ab Seite 66

24. Subtrahiere diese Gewichte und wandle in die kleinste Einheit um:

a) 4,7 g – 644 mg

b) 4,6 g – 753 mg

c) 2,8 kg – 596 g

d) 5 g – 569 mg

e) 8,1 kg – 762 g

f) 6,2 t – 878 kg

g) 6,58 t – 567 kg

h) 1,41 g – 736 mg

i) 8,01 t – 501 kg

j) 1,8 kg – 602 g

k) 1,77 g – 628 mg

l) 5,05 g – 576 mg

25. Subtrahiere diese Gewichte und wandle in die größte Einheit um:

a) 6,3 kg – 651 g

b) 3,2 g – 834 mg

c) 6,5 kg – 837 g

d) 6,8 kg – 780 g

e) 4,5 kg – 787 g

f) 1,5 t – 761 kg

g) 1,2 g – 684 mg

h) 5,9 t – 623 kg

i) 4 t – 633 kg

j) 3,1 kg – 578 g

k) 1,9 g – 798 mg

l) 3,3 g – 684 mg

26. Subtrahiere diese Gewichte und wandle in die kleinste Einheit um:

a) 5 t – 787 kg – 205 kg

b) 10 kg – 854 g – 131 g

c) 10 kg – 1.021 g – 126 g

d) 4 t – 711 kg – 133 kg

e) 9 g – 883 mg – 214 mg

f) 4 kg – 1.038 g – 260 g

g) 4 g – 808 mg – 272 mg

h) 2 t – 1.278 kg – 412 kg

i) 3 kg – 1.257 g – 135 g

j) 2 kg – 901 g – 440 g

k) 9 t – 1.176 kg – 277 kg

l) 7 g – 1.025 mg – 144 mg

27. Subtrahiere diese Gewichte und wandle in eine sinnvolle Einheit um:

a) 52 g – 44 mg – 21 g – 499 mg

b) 26 g – 47 mg – 6 g – 262 mg

c) 82 t – 81 kg – 2 t – 346 kg

d) 96 g – 96 mg – 18 g – 172 mg

e) 86 t – 60 kg – 3 t – 153 kg

f) 72 kg – 81 g – 18 kg – 172 g

g) 24 g – 57 mg – 9 g – 299 mg

h) 37 kg – 114 g – 30 kg – 302 g

i) 53 kg – 103 g – 22 kg – 340 g

j) 88 t – 95 kg – 31 t – 303 kg

k) 27 g – 90 mg – 20 g – 344 mg

l) 74 g – 51 mg – 16 g – 217 mg

Übungen zu „Multiplikation von Gewichtseinheiten"

→ die Lösungen stehen ab Seite 68

28. Multipliziere diese Gewichte:

a) 33 kg · 2   b) 99 t · 3   c) 44 g · 4

d) 76 t · 6   e) 85 t · 5   f) 27 mg · 4

g) 62 kg · 5   h) 73 mg · 2   i) 16 kg · 8

j) 85 mg · 9   k) 65 g · 9   l) 88 kg · 8

29. Multipliziere diese Gewichte:

a) 840 mg · 8   b) 267 kg · 12   c) 190 kg · 7

d) 247 kg · 5   e) 483 mg · 7   f) 892 kg · 5

g) 939 g · 5   i) 101 g · 9   h) 869 g · 11

j) 106 kg · 5   k) 200 kg · 8   l) 167 mg · 7g

30. Multipliziere diese Gewichte und gib das Ergebnis in der größtmöglichen Einheit an:

a) 375 kg · 9   b) 857 mg · 11   c) 391 mg · 8

d) 997 g · 11   e) 864 g · 8   f) 853 mg · 8

g) 201 t · 7   h) 761 mg · 10   i) 649 t · 12

j) 616 kg · 11   k) 150 kg · 9   l) 780 g · 10

Übungen zu „Division von Gewichtseinheiten"

→ die Lösungen stehen ab Seite 69

31. Dividiere diese Gewichte:

   a) 474 g : 6 g   b) 208 mg : 4 mg

   c) 252 mg : 3 mg   d) 639 t : 9 t

   e) 801 g : 9 g   f) 168 kg : 7 k

   g) 74 g : 2 g   h) 760 mg : 8 mg

   i)   84 kg : 7 kg   j) 144 mg : 2 mg

   k) 288 mg : 9 mg   l) 270 kg : 9 kg

32. Dividiere diese Gewichte:

   a) 279 mg : 9   b) 385 kg : 7

   c) 205 g : 5   d) 234 mg : 6

   e) 70 kg : 2   f) 156 g : 4

   g) 147 t : 3   h) 656 kg : 8

   i)   210 mg : 7   j) 376 mg : 4

   k) 132 mg : 2   l) 252 kg : 3

33. Dividiere diese Gewichte:

   a) 3,276 kg : 84 g   b) 2,475 t : 55 kg

   c) 8,8 kg : 88 g   d) 1,464 kg : 61 g

   e) 7,917 g : 87 mg   f) 0,864 g : 48 mg

   g) 4,644 kg : 54 g   h) 4,62 g : 84 mg

   i)   4,465 g : 47 mg   j) 4,485 kg : 65 g

   k) 5,208 t : 62 kg   l) 3,392 t : 64 kg

Übungen zu „Gewichtseinheiten vergleichen"

→ die Lösungen stehen ab Seite 70

34. Vergleiche diese Gewichte:

a) 49 mg; 91 mg

b) 40 g; 108 g

c) 66 mg; 96 mg

d) 103 kg; 86 kg

e) 99 g; 33 g

f) 17 kg; 39 kg

g) 220 g; 651 g

h) 1.034 mg; 427 mg

i) 579 kg; 1.048 kg

j) 917 mg; 1.077 mg

k) 994 t; 941 t

l) 656 mg; 955 mg

35. Vergleiche diese Gewichte:

a) 468 g; 2 kg

b) 580 mg; 10 g

c) 246 kg; 8 t

d) 558 g; 5 kg

e) 435 mg; 2 g

f) 776 g; 9 kg

g) 684 g; 7 kg

h) 794 g; 4 kg

i) 933 kg; 7 t

j) 529 kg; 8 t

k) 1.095 mg; 10 g

l) 724 mg; 5 g

36. Vergleiche diese Gewichte:

a) 100,98 kg; 0,03 t

b) 36,87 mg; 0,1 g

c) 71,15 kg; 0,06 t

d) 81,03 kg; 0,05 t

e) 26,95 mg; 0,11 g

f) 41,85 kg; 0,05 t

g) 100,46 mg; 0,05 g

h) 75,73 g; 0,08 kg

i) 74,84 mg; 0,11 g

j) 64,03 mg; 0,11 g

k) 73,3 g; 0,04 kg

l) 60,3 mg; 0,07 g

37. Vergleiche diese Gewichte:

a) 7 kg; 2.286 g

b) 3 g; 9320 mg

c) 9 kg; 7.580 g

d) 7 g; 8.086 mg

e) 2 g; 912 mg

f) 11 t; 9.006 kg

g) 7 t; 7311 kg

h) 4 t; 2.652 kg

i) 4 t; 8.585 kg

j) 6 t; 1.237 kg

k) 10 t; 8.968 kg

l) 9 kg; 2.816 g

Textaufgaben

→ die Lösungen stehen ab Seite 71

38. Löse die Textaufgaben:

a) Ein beladener Lastwagen möchte über eine Brücke fahren, auf der ein Höchstgewicht von 10 t gilt. Der Fahrer weiß, dass sein LKW ein Leergewicht von 7 t hat. Er hat 100 Zementsäcke mit einem Einzelgewicht von 50 kg geladen. Darf er über die Brücke fahren oder muss er Zementsäcke abladen?

b) Renate kauft 2 kg Brot, 1 kg Müsli, 1 kg Tomaten, 500 g Trauben und 350 g Käse. Wie schwer ist der Einkauf?

c) Ein Ziegelstein wiegt rund 3.800 g. Was wiegt eine Palette mit 438 Ziegelsteinen?

d) 30 kg Äpfel werden unter 40 Kindern gleichmäßig verteilt. Wie viel erhält jedes Kind?

e) Ein Weingärtner hat einen Traubenvorrat von 14,5 t. Er verkauft 1 t, 200 kg, 950 kg, 3.280 kg und 6,47 t. Wie viele Trauben bleiben übrig?

f) In einem Güterzug mit 35 Waggons ist jeder Waggon mit 28.500 kg Kohlen beladen. Wie schwer ist die gesamte Ladung?

g) Nadine wiegt 32,6 kg, ihr Bruder Oliver ist 4 kg schwerer. Wie viel wiegen beide zusammen?

h) Julias Oma braucht 28 kg Erdbeeren, um ihre Erdbeerkonfitüre zu machen. Julia kann mit ihrem Fahrrad immer 4 kg Erdbeeren transportieren. Wie oft muss sie vom Garten zu ihrer Oma fahren?

i) Ein Aufzug darf maximal 1.520 kg transportieren. Pro Person wird mit 80 kg gerechnet. Es sind schon 13 Personen eingestiegen. Wie viele Personen dürfen noch einsteigen?

j) Maria hat 2 Pferde. Jedes Pferd bekommt 4,5 kg Hafer pro Tag. Sie hat in der Scheune einen Vorrat für 50 Tage untergebracht. Wie schwer ist der Vorrat?

k) Metzgermeister Fleischer hat heute 32,4 kg Schweinefleisch, 21,6 kg Rindfleisch und 14.320 g Lammfleisch verkauft. Zusätzlich verkaufte er noch 25.280 g Würstchen und 11,3 kg Aufschnitt. Wie viel kg hat er heute verkauft?

l) Ein Teehändler füllt 18 kg Tee in kleine 125-g-Tütchen ab. Wie viele Tüten erhält er?

39. Löse die Textaufgaben:

a) Eine Flasche Mineralwasser wiegt 1,3 kg, der leere Kasten wiegt 1,8 kg. Wie viel wiegt der volle Kasten mit 12 Flaschen?

b) In einer Stunde werden 1 t Gummibärchen produziert. Wie viele Packungen mit je 200 g können pro Stunde abgefüllt werden?

c) Ein Elefant im Zoo bekommt jeden Abend zur Fütterung 27 kg Futter und 15 kg Heu. Wie viel Futter bekommen alle 5 Elefanten in einer Woche?

d) Für 12 Muffins werden 150 g Zucker benötigt. Nadine hat 500 g Zucker. Reicht diese Menge für 48 Muffins oder wie viele kann sie damit backen?

e) Madlen hat 0,8 kg Knusperflocken gekauft. Zum Frühstück isst sie 75 g. Nachmittags noch einmal ein Drittel dieser Menge. Wie viele Tage reichen die Knusperflocken? Welche Menge (in kg) müsste sie kaufen, wenn ihr Vorrat einen Monat (30 Tage) reichen soll?

f) Ein Frachtschiff wird mit Containern beladen, die insgesamt 5.508 t wiegen. Ein leerer Container wiegt 3,9 t. Die Hälfte der Container ist mit 14,8 t beladen, die restlichen Container haben 23,3 t Ladung. Wie viele Container befinden sich auf dem Schiff?

g) Eine 120 g Teemischung besteht aus folgenden Inhaltsstoffen: 23 g Hagebutten ohne Samen, 19.600 mg Hibiscusblüten, 0,03 kg Orangenschalen, 12,4 g Zitronenverbene und 9.800 mg Melisse. Wie viel Gramm Apfelstücke sind in der Teemischung enthalten?

h) Jeder Deutsche verbraucht im Jahr durchschnittlich 350 kg Holz. Ein Festmeter Holz wiegt etwa 700 kg. Ein Baum hat ca. 2,5 Festmeter. Wie schwer ist ein Baum? In welcher Zeit „verbraucht" ein Mensch einen Baum?

i) Emma hat in ihrem Sparschwein 10-Cent-Münzen gesammelt. Es wiegt 13,37 kg. Das Sparschein selber wiegt 0,966 kg, eine 10-Cent-Münze wiegt etwa 4 g. Wie viele 10-Cent-Münzen sind im Sparschein?

j) Renate schickt für ihr Patenkind ein Paket zum Geburtstag. Sie packt eine Tafel Schokolade (0,1 kg), ein Buch (280 g), ein Stofftier (0,45 kg) und ein Spiel (220 g) ein. Was wiegt das Paket (in kg), wenn die Verpackung 300 g wiegt?

k) Ein leerer Einkaufswagen wiegt 25,2 kg. Der Einkauf von Peters Mutter wiegt 15,12 kg. Wie schwer ist der beladene Einkaufswagen? Wie schwer wäre der beladene Einkaufwagen, wenn sie die vierfache Menge eingekauft hätte?

l) Ein Lastwagen hat ein zulässiges Gesamtgewicht von 7,5 t. Sein Leergewicht beträgt 3.760 kg. Wie viele Stahlträger mit einem Gewicht von 220 kg darf er befördern?

Lösungen

Die gezeigten Lösungen sind nur eine Variante – du kannst die Aufgaben auch anders lösen. Wichtig ist dabei nur, dass dein Ergebnis am Ende dem unserer Lösung entspricht.

Lösungen zu „Vorsätze für Gewichtseinheiten" (Seite 46)

1. Wie heißt die nächstkleinere Gewichtseinheit?

a) Gramm = Milligramm

b) Tonne = Kilogramm

c) Kilogramm = Gramm

2. Wie heißt die nächstgrößere Gewichtseinheit?

a) Milligramm = Gramm

b) Gramm = Kilogramm

c) Kilogramm = Tonne

3. Wie viel bedeutet der Vorsatz?

a) Kilo = das Tausendfache (1.000)

b) Milli = ein Tausendstel (0,001)

4. Ordne den Gewichtseinheiten die richtige Abkürzung zu:

a) Tonne = t

b) Milligramm = mg

c) Gramm = g

d) Kilogramm = kg

mathetreff-online

5. Rechne diese Gewichte in Milligramm (mg) um:

a) 5 g (· 1.000) = 5.000 mg

b) 4 g (· 1.000) = 4.000 mg

c) 37 g (· 1.000) = 37.000 mg

d) 75 g (· 1.000) = 75.000 mg

e) 866 g (· 1.000) = 866.000 mg

f) 234 g (· 1.000) = 234.000 mg

g) 2.887 g (· 1.000) = 2.887.000 mg

h) 9.025 g (· 1.000) = 9.025.000 mg

i) 3,89 g (· 1.000) = 3.890 mg

j) 5,4 g (· 1.000) = 5.400 mg

k) 6,113 g (· 1.000) = 6.113 mg

l) 56,343 g (· 1.000) = 56.343 mg

6. Rechne diese Gewichte in Gramm (g) um:

a) 4 mg (: 1.000) = 0,004 g

b) 6 mg (: 1.000) = 0,006 g

c) 70 mg (: 1.000) = 0,07 g

d) 28 mg (: 1.000) = 0,028 g

e) 834 mg (: 1.000) = 0,834 g

f) 615 mg (: 1.000) = 0,615 g

g) 2.596 mg (: 1.000) = 2,596 g

h) 8.421 mg (: 1.000) = 8,421 g

i) 1,84 mg (: 1.000) = 0,00184 g

j) 8,78 mg (: 1.000) = 0,00878 g

k) 54,16 mg (: 1.000) = 0,05416 g

l) 30,772 mg (: 1.000) = 0,030772 g

7. Rechne diese Gewichte in Gramm (g) um:

a) 9 kg (· 1.000) = 9.000 g

b) 8 kg (· 1.000) = 8.000 g

c) 6 t (· 1.000) = 6.00 kg (· 1.000) = 6.000.000 g

d) 64 kg (· 1.000) = 64.000 g

8. Lösungen – Lösungen

e) 13 kg (· 1.000) = 13.000 g

f) 80 t (· 1.000) = 80.000 kg (· 1.000) = 80.000.000 g

g) 890 kg (· 1.000) = 890.000 g

h) 143 t (· 1.000) = 143.000 kg (· 1.000) = 143.000.000 g

i) 7.904 kg (· 1.000) = 7.904.000 g

j) 33,983 kg (· 1.000) = 33.983 g

k) 71,738 t (· 1.000) = 71.738 kg (· 1.000) = 71.738.000 g

l) 0,326 kg (· 1.000) = 326 g

8. Rechne diese Gewichte in Kilogramm (kg) um:

a) 9 t (· 1.000) = 9.000 kg

b) 3 t (· 1.000) = 3.000 kg

c) 9 g (: 1.000) = 0,009 kg

d) 40 g (: 1.000) = 0,04 kg

e) 73 t (· 1.000) = 73.000 kg

f) 76 g (: 1.000) = 0,076 kg

g) 220 g (: 1.000) = 0,22 kg

h) 4.020 g (: 1.000) = 4,02 kg

i) 0,888 t (· 1.000) = 888 kg

j) 88,022 g (: 1.000) = 0,088022 kg

k) 20,54 g (: 1.000) = 0,02054 kg

l) 27,74 t (· 1.000) = 27.740 kg

9. Rechne diese Gewichte in Tonne (t) um:

a) 8 kg (: 1.000) = 0,008 t

b) 5 kg (: 1.000) = 0,005 t

c) 4 g (: 1.000) = 0,004 kg (: 1.000) = 0,000004 t

d) 67 g (: 1.000) = 0,067 kg (: 1.000) = 0,000067 t

e) 20 kg (: 1.000) = 0,02 t

f) 36 g (: 1.000) = 0,036 kg (: 1.000) = 0,000036 t

g) 646 g (: 1.000) = 0,646 kg (: 1.000) = 0,000646 t

h) 131 kg (: 1.000) = 0,131 t

i) 2.989 kg (: 1.000) = 2,989 t

j) 53,042 g (: 1.000) = 0,053042 kg (: 1.000) = 0,000053042 t

k) 49,637 kg (: 1.000) = 0,049637 t

l) 33,709 kg (: 1.000) = 0,033709 t

10. **Rechne diese Gewichte in Milligramm (mg) um:**

    a) 9 g (· 1.000) = 9.000 mg

    b) 9 t (· 1.000) = 9.000 kg (· 1.000) = 9.000.000 g (· 1.000) = 9.000.000.000 mg

    c) 7 kg (· 1.000) = 7.000 kg (· 1.000) = 7.000.000 mg

    d) 10 g (· 1.000) = 10.000 mg

    e) 4 kg (· 1.000) = 4.000 g (· 1.000) = 4.000.000 mg

    f) 10 kg (· 1.000) = 10.000 g (· 1.000) = 10.000.000 mg

    g) 74 kg (· 1.000) = 74.000 g (· 1.000) = 74.000.000 mg

    h) 36 t (· 1.000) = 36.000 kg (· 1.000) = 36.000.000 g (· 1.000) = 36.000.000.000 mg

    i) 88 g (· 1.000) = 88.000 mg

    j) 49 kg (· 1.000) = 49.000 g (· 1.000) = 49.000.000 mg

    k) 78 g (· 1.000) = 78.000 mg

    l) 68 g (· 1.000) = 68.000 mg

11. **Rechne diese Gewichte in Milligramm (mg) um:**

    a) 119 t (· 1.000) = 119.000 kg (· 1.000) = 119.000.000 g (· 1.000) = 119.000.000.000 mg

    b) 386 g (· 1.000) = 386.000 mg

    c) 912 g (· 1.000) = 912.000 mg

    d) 368 t (· 1.000) = 368.000 kg (· 1.000) = 368.000.000 g (· 1.000) = 368.000.000.000 mg

    e) 829 kg (· 1.000) = 829.000 g (· 1.000) = 829.000.000 mg

    f) 504 g (· 1.000) = 504.000 mg

    g) 17,50 g (· 1.000) = 17.500 mg

    h) 34,12 kg (· 1.000) = 34.120 g (· 1.000) = 34.120.000 mg

    i) 56,9 t (· 1.000) = 56.900 kg (· 1.000) = 56.900.000 g (· 1.000) = 56.900.000.000 mg

    j) 68,706 kg (· 1.000) = 68.760 g (· 1.000) = 68.706.000 mg

    k) 34,893 g (· 1.000) = 34.893 mg

    l) 21,94 kg (· 1.000) = 21.940 g (· 1.000) = 21.940.000 mg

12. **Rechne diese Gewichte in Gramm (g) um:**

    a) 10 t (· 1.000) = 10.000 kg (· 1.000) = 10.000.000 g

    b) 5 mg (: 1.000) = 0,005 g

    c) 6 kg (· 1.000) = 6.000 g

    d) 10 kg (· 1.000) = 10.000 g

    e) 5 kg (· 1.000) = 5.000 g

    f) 8 mg (: 1.000) = 0,008 g

    g) 65 mg (: 1.000) = 0,065 g

h) 74 kg (· 1.000) = 74.000 g

i) 79 t (· 1.000) = 79.000 kg (· 1.000) = 79.000.000 g

j) 64 kg (· 1.000) = 64.000 g

k) 62 mg (: 1.000) = 0,062 g

l) 34 mg (: 1.000) = 0,034 g

13. Rechne diese Gewichte in Gramm (g) um:

a) 811 t (· 1.000) = 811.000 kg (· 1.000) = 811.000.000 g

b) 287 t (· 1.000) = 287.000 kg (· 1.000) = 287.000.000 g

c) 929 kg (· 1.000) = 929.000 g

d) 287 kg (· 1.000) = 287.000 g

e) 974 mg (: 1.000) = 0,974 g

f) 689 mg (: 1.000) = 0,689 g

g) 82,869 kg (· 1.000) = 82.869 g

h) 72,632 t (· 1.000) = 72.632 kg (· 1.000) = 72.632.000 g

i) 21,497 kg (· 1.000) = 21.497 g

j) 55,268 kg (· 1.000) = 55.268 g

k) 53,625 mg (: 1.000) = 0,053625 g

l) 68,544 t (· 1.000) = 68.544 kg (· 1.000) = 68.544.000 g

14. Rechne diese Gewichte in Kilogramm (kg) um:

a) 6 g (: 1.000) = 0,006 kg

b) 9 t (· 1.000) = 9.000 kg

c) 2 mg (: 1.000) = 0,002 g (: 1.000) = 0,000002 kg

d) 8 t (· 1.000) = 8.000 kg

e) 3 t (· 1.000) = 3.000 kg

f) 10 g (: 1.000) = 0,01 kg

g) 26 mg (: 1.000) = 0,026 g (: 1.000) = 0,000026 kg

h) 26 t (· 1.000) = 26.000 kg

i) 57 mg (: 1.000) = 0,057 g (: 1.000) = 0,000057 kg

j) 52 g (: 1.000) = 0,052 kg

k) 18 g (: 1.000) = 0,018 kg

l) 30 mg (: 1.000) = 0,03 g (: 1.000) = 0,00003 kg

15. Rechne diese Gewichte in Kilogramm (kg) um:

a) 621 g (: 1.000) = 0,621 kg

b) 695 mg (: 1.000) = 0,695 g (: 1.000) = 0,000695 kg

c) 527 t (· 1.000) = 527.000 kg

d) 309 g (: 1.000) = 0,309 kg

e) 240 mg (: 1.000) = 0,24 g (: 1.000) = 0,00024 kg

f) 793 t (· 1.000) = 793.000 kg

g) 25,284 mg (: 1.000) = 0,025284 g (: 1.000) = 0,000025284 kg

h) 57,517 g (: 1.000) = 0,057517 kg

i) 69,96 g (: 1.000) = 0,06996 kg

j) 41,139 g (: 1.000) = 0,041139 kg

k) 59,068 t (· 1.000) = 59.068 kg

l) 3,069 g (: 1.000) = 0,003069 kg

16. Rechne diese Gewichte in Tonne (t) um:

a) 3 mg (: 1.000) = 0,003 g (: 1.000) = 0,000003 kg (: 1.000) = 0,000000003 t

b) 10 mg (: 1.000) = 0,01 g (: 1.000) = 0,00001 kg (: 1.000) = 0,00000001 t

c) 7 kg (: 1.000) = 0,007 t

d) 3 g (: 1.000) = 0,003 kg (: 1.000) = 0.000003 t

e) 5 g (: 1.000) = 0,005 kg (: 1.000)0 = 0.000005 t

f) 9 mg (: 1.000) = 0,009 g (: 1.000) = 0,000009 kg (: 1.000) = 0,000000009 t

g) 79 mg (: 1.000) = 0,079 g (: 1.000) = 0,000079 kg (: 1.000) = 0,000000079 t

h) 68 g (: 1.000) = 0,068 kg (: 1.000) = 0,000068 t

i) 84 mg (: 1.000) = 0,084 g (: 1.000) = 0,000084 kg (: 1.000) = 0,000000084 t

j) 57 g (: 1.000) = 0,057 kg (: 1.000) = 0,000057 t

k) 47 g (: 1.000) = 0,047 kg (: 1.000) = 0,000047 t

l) 24 kg (: 1.000) = 0,024 t

17. Rechne diese Gewichte in Tonne (t) um:

a) 494 kg (: 1.000) = 0,494 t

b) 123 kg (: 1.000) = 0,123 t

c) 476 mg (: 1.000) = 0,467 g (: 1.000) = 0,000467 kg (: 1.000) = 0,000000476 t

d) 917 g (: 1.000) = 0,917 kg (: 1.000) = 0,000917 t

e) 398 kg (: 1.000) = 0,398 t

f) 850 g (: 1.000) = 0,85 kg (: 1.000) = 0,00085 t

g) 12,847 mg (: 1.000) = 0,012847 g (: 1.000) = 0,000012847 kg (: 1.000) = 0,000000012847 t

h) 28,45 g (: 1.000) = 0,02845 kg (: 1.000) = 0,00002845 t

i) 67,986 mg (: 1.000) = 0,067986 g (: 1.000) = 0,000067986 kg (: 1.000) = 0,000000067986 t

j) 17,544 g (: 1.000) = 0,017544 kg (: 1.000) = 0,000017544 t

k) 74,619 kg (: 1.000) = 0,074619 t

l) 49,338 kg (: 1.000) = 0,049338 t

18. Addiere diese Gewichte und wandle in die größte Einheit um:

a) (57 g : 1.000) + 45 kg = 0,057 kg + 45 kg = 45,057 kg

b) (31 mg : 1.000) + 29 g = 0,031 g + 29 g = 29,031 g

c) (56 kg : 1.000) + 77 t = 0,056 t + 77 t = 77,056 t

d) (31 g : 1.000) + 42 kg = 0,031 kg + 42 kg = 42,031 kg

e) (33 kg : 1.000) + 52 t = 0,033 t + 52 t = 52,033 t

f) (60 mg : 1.000) + 59 g = 0,06 g + 59 g = 59,06 g

g) 32 kg + (566 g : 1.000) = 32 kg + 0,566 kg = 32,566 kg

h) 75 t + (196 kg : 1.000) = 75 t + 0,196 t = 75.196 t

i) 53 kg + (18 g : 1.000) = 53 kg + 0,018 kg = 53,018 kg

j) 66 g + (592 mg : 1.000) = 66 g + 0,592 g = 66,592 g

k) 56 t + (703 kg : 1.000) = 56 t + 0,703 t = 56,703 t

l) 68 kg + (426 g : 1.000) = 68 kg + 0,426 kg = 68,426 kg

19. Addiere diese Gewichte und wandle in die kleinste Einheit um:

a) (41 t · 1.000) + 265 kg = 41.000 kg + 265 kg = 41.265 kg

b) (5 g · 1.000) + 232 mg = 5.000 mg + 232 mg = 5.232 mg

c) (49 g · 1.000) + 162 mg = 49.000 mg + 162 mg = 49.162 mg

d) (37 t · 1.000) + 508 kg = 37.000 kg + 508 kg = 37.508 kg

e) (51 kg · 1.000) + 675 g = 51.000 g + 675 g = 51.675 g

f) (75 g · 1.000) + 397 mg = 75.000 mg + 397 mg = 75.397 mg

g) 59 g + (74 kg · 1.000) = 59 g + 74.000 g = 74.059 g

h) 77 kg + (63 t · 1.000) = 77 kg + 63.000 kg = 63.077 kg

i) 32 mg + (20 g · 1.000) = 32 mg + 20.000 mg = 20.032 mg

j) 57 kg + (32 t · 1.000) = 57 kg + 32.000 kg = 32.057 kg

k) 80 kg + (88 t · 1.000) = 80 kg + 88.000 kg = 88.080 kg

l) 27 kg + (50 t · 1.000) = 27 kg + 50.000 kg = 50.027 kg

20. Addiere diese Gewichte und wandle in die kleinste Einheit um:

a) (8 t · 1.000 · 1.000) + 68 g + (769 kg · 1.000) = 8.000.000 g + 68 g + 769.000 g = 8.769.068 g

b) (19 kg · 1.000 · 1.000) + 136 mg + (158 g · 1.000) = 19.000.000 mg + 136 mg + 158.000 mg = 19.158.136 mg

c) (2 g · 1.000) + 483 mg + (482 g · 1.000) = 2.000 mg + 483 mg + 482.000 mg = 484.483 mg

d) (4 t · 1.000 · 1.000) + 249 g + (683 kg · 1.000) = 4.000.000 g + 249 g + 683.000 g = 4.683.249 g

e) (8 kg · 1.000 · 1.000) + 421 mg + (489 g · 1.000) = 8.000.000 mg + 421 mg + 489.000 mg = 8.489.421 mg

f) (7 kg · 1.000 · 1.000) + 19 mg + (392 g · 1.000) = 7.000.000 mg + 19 mg + 392.000 mg = 7.392.019 mg

g) (4 kg · 1.000 · 1.000) + 172 mg + (586 g · 1.000) = 4.000.000 mg + 172 mg + 586.000 mg = 4.586.172 mg

h) (4 kg · 1.000) + 168 g + (644 kg · 1.000) = 4.000 g + 168 g + 644.000 g = 648.168 g

i) (23 g · 1.000) + 736 mg + (101 g · 1.000) = 23.000 mg + 736 mg + 101.000 mg = 124.736 mg

j) (40 t · 1.000) + 326 kg + (166 t · 1.000) = 40.000 kg + 326 kg + 166.000 kg = 206.326 kg

k) (3 t · 1.000 · 1.000) + 566 g + (830 kg · 1.000) = 3.000.000 g + 566 g + 830.000 g = 3.830.566 g

l) (11 t · 1.000 · 1.000) + 280 g + (190 kg · 1.000) = 11.000.000 g + 280 g + 190.000 g = 11.190.280 g

21. Addiere diese Gewichte und wandle in eine sinnvolle Einheit um:

a) (15 t · 1.000) + 344 kg + (942 g : 1000) + 29 kg = 15.000 kg + 344 kg + 0,942 kg + 29 kg = 15.373,942 kg : 1.000 = 15,373942 t

b) (55 t · 1.000) + 371 kg + (232 g : 1000) + 6 kg = 55.000 kg + 371 kg + 0,232 kg + 6 kg = 55.377,232 kg : 1.000 = 55,377232 t

c) (40 kg · 1.000) + 124 g + (889 mg : 1000) + 16 g = 40.000 g + 124 g + 0,889 g + 16 g = 40.140,889 g : 1.000 = 40,140889 kg

d) (74 kg · 1.000) + 455 g + (411 mg : 1000) + 9 g = 74.000 g + 455 g + 0,411 g + 9 g = 74.464,411 g : 1.000 = 74,464411 kg

e) (11 t · 1.000) + 719 kg + (184 g : 1000) + 18 kg = 11.000 kg + 719 kg + 0,184 kg + 18 kg = 11.737,184 kg : 1.000 = 11,737184 t

f) (46 t · 1.000) + 335 kg + (109 g : 1000) + 19 kg = 46.000 kg + 335 kg + 0,109 kg + 19 kg = 46.354,109 kg : 1.000 = 46,354109 t

g) (47,26 kg · 1.000) + 377 g + (1.715 mg : 1000) + 31 g = 47.260 g + 377 g + 1,715 g + 31 g = 47.669,715 g : 1.000 = 47,669715 kg

h) (59,49 t · 1.000) + 229 kg + (750 g : 1000) + 5 kg = 59.490 kg + 229 kg + 0,75 kg + 5 kg = 59.724,75 kg : 1.000 = 59,72475 kg

i) (59,15 t · 1.000) + 669 kg + (4.657 g : 1000) + 27 kg = 59.150 kg + 669 kg + 4,657 kg + 27 kg = 59.850,657 kg : 1.000 = 59,850657 t

j) (30,4 kg · 1.000) + 429 g + (1.508 mg : 1000) + 2 g = 30.400 g + 429 g + 1,508 g + 2 g = 30.832,508 g : 1.000 = 30,832508 kg

k) (24,78 t · 1.000) + 844 kg + (7.094 g : 1000) + 29 kg = 24.780 kg + 844 kg + 7,094 kg + 29 kg = 25.660,094 kg : 1.000 = 25,660094 t

l) (4,7 t · 1.000) + 863 kg + (544 g : 1000) + 21 kg = 4.700 kg + 863 kg + 0,544 kg + 21 kg = 5.584,544 kg : 1.000 = 5,584544 t

22. Stelle mit folgenden Gewichten diese Gewichtsangaben zusammen:

a) 1,353 kg = 1 kg + 200 g + 100 g + 50 g + 2 g + 1 g

b) 101 g = 100 g + 1 g

c) 0,799 kg = 500 g + 200 g + 50 g + 20 g + 10 g + 10 g + 5 g + 2 g + 1 g + 1 g

d) 1,266 kg = 1 kg + 200 g + 50 g + 10 g + 5 g + 1 g

e) 742 g = 500 g + 200 g + 20 g + 10 g + 10 g + 2 g

f) 454 g = 200 g + 100 g + 100 g + 50 g + 2 g + 2 g

g) 134 g = 100 g + 20 g + 10 g + 2 g + 2 g

h) 149 g = 100 g + 20 g + 10 g + 10 g + 5 g + 2 g + 1 g + 1 g

i) 1.295 g = 1 kg + 200 g + 50 g + 20 g + 10 g + 10 g + 5 g

j) 1,117 kg = 1 kg + 100 g + 10 g + 5 g + 2 g

k) 529 g = 500 g + 20 g + 5 g + 2 g + 1 g + 1 g

l) 0,288 kg = 200 g + 50 g + 20 g + 10 g + 5 g + 2 g + 1 g

23. Stelle mit folgenden Gewichten diese Gewichtsangaben zusammen:

a) 8.289 g = 5 kg + 2 kg + 1 kg + 200 g + 50 g + 20 g + 10 + 5 g + 2 g + 1 g + 1 g

b) 673 g = 500 g + 100 g + 50 g + 20 g + 2 g + 1 g

c) 7,358 kg = 5 kg + 2 kg + 200 g + 100 g + 50 g + 5 g + 2 g + 1 g

d) 6.422 g = 5 kg + 1 kg + 200 g + 100 g + 100 g + 20 g + 2 g

e) 1,963 kg = 1 kg + 500 g + 200 g + 100 g + 100 g + 50 g + 10 g + 2 g + 1 g

f) 5,818 kg = 5 kg + 500 g + 200 g + 100 g + 10 g + 5 g + 2 g + 1 g

g) 2,160 kg = 2 kg + 100 g + 50 g + 10 g

h) 7.652 g = 5 kg + 2 kg + 500 g + 100 g + 50 g + 2 g

i) 5.875 g = 5 kg + 500 g + 200 g + 100 g + 50 g + 20 g + 5 g

j) 7,724 kg = 5 kg + 2 kg + 500 g + 200 g + 20 g + 2 g + 2 g

k) 0,849 kg = 500 g + 200 g + 100 g + 20 g + 10 g + 10 g + 5 g + 2 g + 1 g + 1 g

l) 1.790 g = 1 kg + 500 g + 200 g + 50 g + 20 g + 10 g + 10 g

Lösungen zu „Subtraktion von Gewichtseinheiten" (Seite 52)

24. Subtrahiere diese Gewichte und wandle in die kleinste Einheit um:

a) (4,7 g · 1.000) − 644 mg = 4.700 mg − 644 mg = 4.056 mg

b) (4,6 g · 1.000) − 753 mg = 4.600 mg − 753 mg = 3.847 mg

c) (2,8 kg · 1.000) − 596 g = 2.800 g − 596 g = 2.204 g

d) (5 g · 1.000) − 569 mg = 5.000 mg − 569 mg = 4.431 mg

e) (8,1 kg · 1.000) − 762 g = 8.100 g − 762 g = 7.338 g

f) (6,2 t · 1.000) − 878 kg = 6.200 kg − 878 kg = 5.322 kg

g) (6,58 t · 1.000) − 567 kg = 6.580 kg − 567 kg = 6.013 kg

h) (1,41 g · 1.000) − 736 mg = 1.410 mg − 736 mg = 674 mg

i) (8,01 t · 1.000) − 501 kg = 8.010 kg − 501 kg = 7.509 kg

j) (1,8 kg · 1.000) − 602 g = 1.800 g − 602 g = 1.198 g

k) (1,77 g · 1.000) − 628 mg = 1.770 mg − 628 mg = 1.142 mg

l) (5,05 g · 1.000) − 576 mg = 5.050 mg − 576 mg = 4.474 mg

mathetreff-online

25. Subtrahiere diese Gewichte und wandle in die größte Einheit um:

a) 6,3 kg – (651 g : 1.000) = 6,3 kg – 0,651 kg = 5,649 kg

b) 3,2 g – (834 mg : 1.000) = 3,2 g – 0,834 g = 2,366 g

c) 6,5 kg – (837 g : 1.000) = 6,5 kg – 0,837 kg = 5,663 kg

d) 6,8 kg – (780 g : 1.000) = 6,8 kg – 0,78 kg = 6,02 kg

e) 4,5 kg – (787 g : 1.000) = 4,5 kg – 0,787 kg = 3,713 kg

f) 1,5 t – (761 kg : 1.000) = 1,5 t – 0,761 t = 0,739 t

g) 1,2 g – (684 mg : 1.000) = 1,2 g – 0,684 g = 0,516 g

h) 5,9 t – (623 kg : 1.000) = 5,9 t – 0,623 t = 5,277 t

i) 4 t – (633 kg : 1.000) = 4 t – 0,633 t = 3,367 t

j) 3,1 kg – (578 g : 1.000) = 3,1 kg – 0,578 kg = 2,522 kg

k) 1,9 g – (798 mg : 1.000) = 1,9 g – 0,798 g = 1,102 g

l) 3,3 g – (684 mg : 1.000) = 3,3 g – 0,684 g = 2,616 g

26. Subtrahiere diese Gewichte und wandle in die kleinste Einheit um:

a) (5 t · 1.000) – 787 kg – 205 kg = 5.000 kg – 787 kg – 205 kg = 4.008 kg

b) (10 kg · 1.000) – 854 g – 131 g = 10.000 g – 854 g – 131 g = 9.015 g

c) (10 kg · 1.000) – 1.021 g – 126 g = 10.000 g – 1.021 g – 126 g = 8.853 g

d) (4 t · 1.000) – 711 kg – 133 kg = 4.000 kg – 711 kg – 133 kg = 3.156 kg

e) (9 g · 1.000) – 883 mg – 214 mg = 9.000 mg – 883 mg – 214 mg = 7.903 mg

f) (4 kg · 1.000) – 1.038 g – 260 g = 4.000 g – 1.038 g – 260 g = 2.702 g

g) (4 g · 1.000) – 808 mg – 272 mg = 4.000 mg – 808 mg – 272 mg = 2.920 mg

h) (2 t · 1.000) – 1.278 kg – 412 kg = 2.000 kg – 1.278 kg – 412 kg = 310 kg

i) (3 kg · 1.000) – 1.257 g – 135 g = 3.000 g – 1.257 g – 135 g = 1.608 g

j) (2 kg · 1.000) – 901 g – 440 g = 2.000 g – 901 g – 440 g = 659 g

k) (9 t · 1.000) – 1.176 kg – 277 kg = 9.000 kg – 1.176 kg – 277 kg = 7.547 kg

l) (7 g · 1.000) – 1.025 mg – 144 mg = 7.000 mg – 1.025 mg – 144 mg = 5.831 mg

27. Subtrahiere diese Gewichte und wandle in eine sinnvolle Einheit um:

a) (52 g · 1.000) – 44 mg – (21 g · 1.000) – 499 mg = 52.000 mg – 44 mg – 21.000 mg – 499 mg = 30.457 mg : 1.000 = 30,457 g

b) (26 g · 1.000) – 47 mg – (6 g · 1.000) – 262 mg = 26.000 mg – 47 mg – 6.000 mg – 262 mg = 19.691 mg : 1.000 = 19,691 g

c) (82 t · 1.000) – 81 kg – (2 t · 1.000) – 346 kg = 82.000 kg – 81 kg – 2.000 kg – 346 kg = 79.573 kg : 1.000 = 79,573 t

d) (96 g · 1.000) – 96 mg – (18 g · 1.000) – 172 mg = 96.000 mg – 96 mg – 18.000 mg – 172 mg = 77.732 mg : 1.000 = 77,732 g

e) (86 t · 1.000) – 60 kg – (3 t · 1.000) – 153 kg = 86.000 kg – 60 kg – 3.000 kg – 153 kg = 82.787 kg : 1.000 = 82,787 t

f) (72 kg · 1.000) – 81 g – (18 kg · 1.000) – 172 g = 72.000 g – 81 g – 18.000 g – 172 g = 53.747 g : 1.000 = 53,747 kg

g) (24 g · 1.000) – 57 mg – (9 g · 1.000) – 299 mg = 24.000 mg – 57 mg – 9.000 mg – 299 mg = 14.644 mg : 1.000 = 14,644 g

h) (37 kg · 1.000) – 114 g – (30 kg · 1.000) – 302 g = 37.000 g – 114 g – 30.000 g – 302 g = 6.584 g : 1.000 = 6,584 kg

i) (53 kg · 1.000) – 103 g – (22 kg · 1.000) – 340 g = 53.000 g – 103 g – 22.000 g – 340 g = 30.557 g : 1.000 = 30,557 kg

j) 88 t · 1.000) – 95 kg – (31 t · 1.000) – 303 kg = 88.000 kg – 95 kg – 31.000 kg – 303 kg = 56.602 kg : 1.000 = 56,602 t

k) (27 g · 1.000) – 90 mg – (20 g · 1.000) – 344 mg = 27.000 mg – 90 mg – 20.000 mg – 344 mg = 6.566 mg : 1.000 = 6,566 g

l) (74 g · 1.000) – 51 mg – (16 g · 1.000) – 217 mg = 74.000 mg – 51 mg – 16.000 mg – 217 mg = 57.732 mg : 1.000 = 57,732 g

Lösungen zu „Multiplikation von Gewichtseinheiten" (Seite 53)

28. Multipliziere diese Gewichte:

a) 33 kg · 2 = 66 kg

b) 99 t · 3 = 297 t

c) 44 g · 4 = 176 g

d) 76 t · 6 = 456 t

e) 85 t · 5 = 425 t

f) 27 mg · 4 = 108 mg

g) 62 kg · 5 = 310 kg

h) 73 mg · 2 = 146 mg

i) 16 kg · 8 = 128 kg

j) 85 mg · 9 = 765 mg

k) 65 g · 9 = 585 g

l) 88 kg · 8 = 704 kg

29. Multipliziere diese Gewichte:

a) 840 mg · 8 = 6.720 mg

b) 267 kg · 12 = 3.204 kg

c) 190 kg · 7 = 1.330 kg

d) 247 kg · 5 = 1.235 kg

e) 483 mg · 7 = 3.381 mg

f) 892 kg · 5 = 4.460 kg

g) 939 g · 5 = 4.695 g

h) 869 g · 11 = 9.559 g

i) 101 g · 9 = 909 g

j) 106 kg · 5 = 530 kg

k) 200 kg · 8 = 1.600 kg

l) 167 mg · 7 = 1.169 mg

30. Multipliziere diese Gewichte und gib das Ergebnis in der größtmöglichen Einheit an:

a) 375 kg · 9 = 3.375 kg (: 1.000) = 3,375 t

b) 857 mg · 11 = 9.427 mg (: 1.000) = 9,427 g

c) 391 mg · 8 = 3.128 mg (: 1.000) = 3,128 g

d) 997 g · 11 = 10.967 g (: 1.000) = 10,967 kg

e) $864 \text{ g} \cdot 8 = 6.912 \text{ g} (: 1.000) = 6{,}912 \text{ kg}$

f) $853 \text{ mg} \cdot 8 = 6.824 \text{ mg} (: 1.000) = 6{,}824 \text{ g}$

g) $201 \text{ t} \cdot 7 = 1.407 \text{ t}$

h) $761 \text{ mg} \cdot 10 = 7.610 \text{ mg} (: 1.000) = 7{,}61 \text{ g}$

i) $649 \text{ t} \cdot 12 = 7.788 \text{ t}$

j) $616 \text{ kg} \cdot 11 = 6.776 \text{ kg} (: 1.000) = 6{,}776 \text{ t}$

k) $150 \text{ kg} \cdot 9 = 1.350 \text{ kg} (: 1.000) = 1{,}35 \text{ t}$

l) $780 \text{ g} \cdot 10 = 7.800 \text{ g} (: 1.000) = 7{,}8 \text{ kg}$

Lösungen zu „Division von Gewichtseinheiten" (Seite 54)

31. Dividiere diese Gewichte:

a) $474 \text{ g} : 6 \text{ g} = 79$

b) $208 \text{ mg} : 4 \text{ mg} = 52$

c) $252 \text{ mg} : 3 \text{ mg} = 84$

d) $639 \text{ t} : 9 \text{ t} = 71$

e) $801 \text{ g} : 9 \text{ g} = 89$

f) $168 \text{ kg} : 7 \text{ kg} = 24$

g) $74 \text{ g} : 2 \text{ g} = 37$

h) $760 \text{ mg} : 8 \text{ mg} = 95$

i) $84 \text{ kg} : 7 \text{ kg} = 12$

j) $144 \text{ mg} : 2 \text{ mg} = 72$

k) $288 \text{ mg} : 9 \text{ mg} = 32$

l) $270 \text{ kg} : 9 \text{ kg} = 30$

32. Dividiere diese Gewichte:

a) $279 \text{ mg} : 9 = 31 \text{ mg}$

b) $385 \text{ kg} : 7 = 55 \text{ kg}$

c) $205 \text{ g} : 5 = 41 \text{ g}$

d) $234 \text{ mg} : 6 = 39 \text{ mg}$

e) $70 \text{ kg} : 2 = 35 \text{ kg}$

f) $156 \text{ g} : 4 = 39 \text{ g}$

g) $147 \text{ t} : 3 = 49 \text{ t}$

h) $656 \text{ kg} : 8 = 82 \text{ kg}$

i) $210 \text{ mg} : 7 = 30 \text{ mg}$

j) $376 \text{ mg} : 4 = 94 \text{ mg}$

k) $132 \text{ mg} : 2 = 66 \text{ mg}$

l) $252 \text{ kg} : 3 = 84 \text{ kg}$

33. Dividiere diese Gewichte:

a) $(3{,}276 \text{ kg} \cdot 1.000) : 84 \text{ g} = 3.276 \text{ g} : 84 \text{ g} = 39$

b) $(2{,}475 \text{ t} \cdot 1.000) : 55 \text{ kg} = 2.475 \text{ kg} : 55 \text{ kg} = 45$

c) $(8{,}8 \text{ kg} \cdot 1.000) : 88 \text{ g} = 8.800 \text{ g} : 88 \text{ g} = 100$

d) $(1{,}464 \text{ kg} \cdot 1.000) : 61 \text{ g} = 1.464 \text{ g} : 61 \text{ g} = 24$

e) $(7{,}917 \text{ g} \cdot 1.000) : 87 \text{ mg} = 7.917 \text{ mg} : 87 \text{ mg} = 91$

f) $(0{,}864 \text{ g} \cdot 1.000) : 48 \text{ mg} = 864 \text{ mg} : 48 \text{ mg} = 18$

g) $(4{,}644 \text{ kg} \cdot 1.000) : 54 \text{ g} = 4.644 \text{ g} : 54 \text{ g} = 86$

h) $(4{,}62 \text{ g} \cdot 1.000) : 84 \text{ mg} = 4.620 \text{ mg} : 84 \text{ mg} = 55$

i) $(4{,}465 \text{ g} \cdot 1.000) : 47 \text{ mg} = 4.465 \text{ mg} : 47 \text{ mg} = 95$

j)   (4,485 kg · 1.000) : 65 g = 4.485 g : 65 g = 69

k)   (5,208 t · 1.000) : 62 kg = 5.208 kg : 62 kg = 84

l)   (3,392 t · 1.000) : 64 kg = 3.392 kg : 64 kg = 53

Lösungen zu „Gewichtseinheiten vergleichen" (Seite 55)

34. Vergleiche diese Gewichte:

a) 49 mg < 91 mg

b) 40 g < 108 g

c) 66 mg < 96 mg

d) 103 kg > 86 kg

e) 99 g > 33 g

f) 17 kg < 39 kg

g) 220 g < 651 g

h) 1.034 mg > 427 mg

i) 579 kg < 1.048 kg

j) 917 mg < 1077 mg

k) 994 t > 941 t

l) 656 mg < 955 mg

35. Vergleiche diese Gewichte:

a) 468 g < 2.000 g (2 kg · 1.000)

b) 580 mg < 10.000 mg (10 g · 1.000)

c) 246 kg < 8.000 kg (8 t · 1.000)

d) 558 g < 5.000 g (5 kg · 1.000)

e) 435 mg < 2.000 mg (2 g · 1.000)

f) 776 g < 9.000 g (9 kg · 1.000)

g) 684 g < 7.000 g (7 kg · 1.000)

h) 794 g < 4.000 g (4 kg · 1.000)

i) 933 kg < 7.000 kg (7 t · 1.000)

j) 529 kg < 8.000 kg (8 t · 1.000)

k) 1,095 mg < 10.000 mg (10 g · 1.000)

l) 724 mg < 5.000 g (5 g · 1.000)

36. Vergleiche diese Gewichte:

a) 100,98 kg > 30 kg (0,03 t · 1.000)

b) 36,87 mg < 100 mg (0,1 g · 1.000)

c) 71,15 kg > 60 kg (0,06 t · 1.000)

d) 81,03 kg > 50 kg (0,05 t · 1.000)

e) 26,95 mg < 110 mg (0,11 g · 1.000)

f) 41,85 kg < 50 kg (0,05 t · 1.000)

g) 100,46 mg > 50 mg (0,05 g · 1.000)

h) 75,73 g < 80 g (0,08 kg · 1.000)

i) 74,84 mg < 110 mg (0,11 g · 1.000)

j) 64,03 mg < 110 mg (0,11 g · 1.000)

k) 73,3 g > 40 g (0,04 kg · 1.000)

l) 60,3 mg < 70 mg (0,07 g · 1.000)

37. Vergleiche diese Gewichte:

a) (7 kg · 1.000) 7.000 g > 2.286 g

b) (3 g · 1.000) 3.000 mg < 9.320 mg

c) (9 kg · 1.000) 9.000 g > 7.580 g

d) (7 g · 1.000) 7.000 mg < 8.086 mg

e) (2 g · 1.000) 2.000 mg > 912 mg

f) (11 t · 1.000) 11.000 kg > 9.006 kg

g) (7 t · 1.000) 7.000 kg < 7.311 kg

h) (4 t · 1.000) 4.000 kg > 2.652 kg

i) (4 t · 1.000) 4.000 kg < 8.585 kg

j) (6 t · 1.000) 6.000 kg > 1.237 kg

k) (10 t · 1.000) 10.000 kg > 8.968 kg

l) (9 kg · 1.000) 9.000 g > 2.816 g

38. Löse die Textaufgaben:

a) $50 \text{ kg} \cdot 100 = 5.000 \text{ kg}$ *Berechnung Ladungsgewicht*
$5.000 \text{ kg} (: 1.000) = 5 \text{ t}$ *Umrechnung in t*
$7 \text{ t} + 5 \text{ t} = 12 \text{ t}$ *Berechnung Gesamtgewicht*
$12 \text{ t} - 10 \text{ t} = 2 \text{ t}$ *Berechnung „Übergewicht"*
$2 \text{ t} (\cdot 1.000) = 2.000 \text{ kg}$ *Umrechnung in kg*
$2.000 \text{ kg} : 50 \text{ kg} = 40$ *Berechnung Anzahl der Säcke*
→ *Er muss 40 Säcke abladen.*

b) $500 \text{ g} (: 1.000) = 0,5 \text{ kg}$ *Umrechnung in kg*
$350 \text{ g} (: 1.000) = 0,35 \text{ kg}$ *Umrechnung in kg*
$2 \text{ kg} + 1 \text{ kg} + 1 \text{ kg} + 0,5 \text{ kg} + 0,35 \text{ kg} = 4,85 \text{ kg}$ *Berechnung Gesamtgewicht*
→ *Der Einkauf ist 4,85 kg schwer.*

c) $3.800 \text{ g} (: 1.000) = 3,8 \text{ kg}$ *Umrechnung in kg*
$3,8 \text{ kg} \cdot 438 = 1.665 \text{ kg}$ *Berechnung Gesamtgewicht*
$1.665 \text{ kg} (: 1.000) = 1,665 \text{ t}$ *Umrechnung in t*
→ *Eine Palette wiegt 1,665 t.*

d) $30 \text{ kg} : 40 = 0,75 \text{ kg}$ *Berechnung Gewicht pro Kind*
$0,75 \text{ kg} (\cdot 1.000) = 750 \text{ g}$ *Umrechnung in g*
→ *Jedes Kind bekommt 750 g.*

e) $200 \text{ kg} (: 1.000) = 0,2 \text{ t}$ *Umrechnung in t*
$950 \text{ kg} (: 1.000) = 0,95 \text{ t}$ *Umrechnung in t*
$3.280 \text{ kg} (: 1.000) = 3,28 \text{ t}$ *Umrechnung in t*
$1 \text{ t} + 0,2 \text{ t} + 0,95 \text{ t} + 3,28 \text{ t} + 6,47 \text{ t} = 11,9 \text{ t}$ *Berechnung Gesamtgewicht*
$14,5 \text{ t} - 11,9 \text{ t} = 2,6 \text{ t}$ *Berechnung „Rest"*
→ *Er hat noch 2,6 t Trauben übrig.*

f) $28.500 \text{ kg} (: 1.000) = 28,5 \text{ t}$ *Umrechnung in t*
$28,5 \text{ t} \cdot 35 = 997,5 \text{ t}$ *Berechnung Gesamtgewicht*
→ *Die gesamte Ladung wiegt 997,5 t.*

g) $32,6 \text{ kg} + 4 \text{ kg} = 36,6 \text{ kg}$ *Berechnung Gewicht Oliver*
$36,6 \text{ kg} + 32,6 \text{ kg} = 69,2 \text{ kg}$ *Berechnung Gesamtgewicht*
→ *Beide wiegen zusammen 69,2 kg.*

h) 28 kg : 4 kg = 7   *Berechnung Anzahl der Fahrten*

   → *Julia muss insgesamt 7 mal fahren.*

i) 13 · 80 kg = 1.040 kg   *Berechnung bisheriges Gewicht*

   1.520 kg – 1.040 kg = 480 kg   *Berechnung noch freies Gewicht*

   480 kg : 80 kg = 6   *Berechnung Personenanzahl*

   → *Es dürfen noch 6 Personen einsteigen.*

j) 4,5 kg · 2 = 9 kg   *Berechnung tägliche Menge*

   9 kg · 50 = 450 kg   *Berechnung Gesamtgewicht*

   → *Der Vorrat wiegt 450 kg.*

k) 14.320 g (: 1.000) = 14,32 kg   *Umrechnung in kg*

   25.28 g (: 1.000) = 25,28 kg   *Umrechnung in kg*

   32,4 kg + 21,6 kg + 14,32 kg + 25,28 kg + 11,3 kg = 104,9 kg   *Berechnung Gesamtgewicht*

   → *Er verkaufte heute 104,9 kg.*

l) 18 kg (· 1.000) = 18.000 g   *Umrechnung in g*

   18.000 g : 125 g = 144   *Berechnung Anzahl der Tüten*

   → *Er erhält 144 Tüten.*

39. Löse die Textaufgaben:

a) 1,3 kg · 12 = 15,6 kg   *Berechnung Gewicht der Flaschen*

   15,6 kg + 1,8 kg = 17,4 kg   *Berechnung Gesamtgewicht*

   → *Der volle Kasten wiegt 17,4 kg.*

b) 1 t (· 1.000) = 1.000 kg (· 1.000) = 1.000.000 g   *Umrechnung in kg und anschließend in g*

   1.000.000 g : 200 g = 5.000   *Berechnung Anzahl Packungen pro Stunde*

   → *Es werden 5.000 Packungen pro Stunde abgefüllt.*

c) 27 kg + 15 kg = 42 kg   *Berechnung Futter für 1 Elefant*

   42 kg · 5 = 210 kg   *Berechnung Futter für 5 Elefanten*

   210 kg · 7 = 1.470 kg   *Berechnung Futter für 1 Woche (7 Tage)*

   1.470 kg (: 1.000) = 1,47 t   *Umrechnung in t*

   → *Sie bekommen in einer Woche 1,47 t Futter.*

d) 150 g : 12 = 12,5 g   *Berechnung Zucker pro 1 Muffin*
   12,5 g · 48 = 600 g   *Berechnung benötige Menge*
   500 g – 600 g = –100 g   *Berechnung Differenz*
   → *Nein, die 500 g Zucker reichen nicht für 48 Muffins.*

   500 g : 12,5 g = 40   *Berechnung neue Anzahl*
   → *Sie kann damit 40 Muffins backen.*

e) 0,8 kg (· 1.000) = 800 g   *Umrechnung in g*
   75 g : 3 = 25 g   *Berechnung Menge nachmittags*
   75 g + 25 g = 100 g   *Berechnung tägliche Menge*
   800 g : 100 g = 8   *Berechnung Anzahl der Tage*
   → *Die Knusperflocken reichen für 8 Tage*

   100 g · 30 = 3.000 g   *Berechnung Menge für 30 Tage*
   3.000 g (: 1.000) = 3 kg   *Umrechnung in g*
   → *Madlen müsste 3 kg Knusperflocken kaufen.*

f) 3,9 t + 14,8 t = 18,7 t   *Berechnung Gewicht Container 1*
   3,9 t + 23,3 t = 27,2 t   *Berechnung Gewicht Container 2*
   18,7 t + 27,2 t = 45,9 t   *Berechnung Gewicht Container 1 + 2*
   5.508 t : 45,9 t = 120   *Berechnung Anzahl der Container*
   → *Es befinden sich 120 Container auf dem Schiff.*

g) 19.600 mg (· 1.000) = 19,6 g   *Umrechnung in g*
   0,03 kg (: 1.000) = 30 g   *Umrechnung in g*
   9.800 mg (· 1.000) = 9,8 g   *Umrechnung in g*
   120 g – 23 g – 19,6 g – 30 g – 12,4 g – 9,8 g = 25,2 g   *Berechnung Apfelstücke*
   → *Es sind 25,2 g Apfelstücke enthalten.*

h) 700 kg · 2,5 = 1.750 kg   *Berechnung Gewicht*
   1.750 kg (: 1.000) = 1,75 t   *Umrechnung in t*
   → *Ein Baum ist etwa 1,75 t schwer.*

   1.750 kg : 350 kg = 5   *Berechnung Anzahl der Jahre*
   → *Ein Mensch verbraucht einen Baum in 5 Jahren.*

i) 13,37 kg (· 1.000) = 13.370 g   *Umrechnung in g*

    0,966 kg (· 1.000) = 966 g   *Umrechnung in g*

    13.370 g – 966 g = 12.404 g   *Berechnung Gewicht Münzen*

    12.404 g : 4 g = 3.101   *Berechnung Anzahl der Münzen*

    → *Es sind 3101 10–Cent–Münzen im Sparschein.*

j) 0,1 kg (· 1.000) = 100 g   *Umrechnung in g*

    0,45 kg (· 1.000) = 450 g   *Umrechnung in g*

    100 g + 280 g + 450 g + 220 g + 300 g= 1.350 g   *Berechnung Gesamtgewicht*

    1.350 g (: 1.000) = 1,35 kg   *Umrechnung in kg*

    → *Das Paket wiegt 1,35 kg.*

k) 25,2 kg + 15,12 kg = 40,32 kg   *Berechnung Gesamtgewicht*

    → *Der beladene Einkaufswagen wiegt 40,32 kg.*

    15,12 kg · 4 = 60,48 kg   *Berechnung Gewicht Einkauf*

    25,2 kg + 60,48 kg = 85,68 kg   *Berechnung Gesamtgewicht*

    → *Der beladene Einkaufswagen würde 85,68 kg wiegen.*

l) 7,5 t (· 1.000) = 7.500 kg   *Umrechnung in kg*

    7.500 kg – 3.760 kg = 3.740 kg   *Berechnung maximales Gewicht Ladung*

    3.740 kg : 220 kg = 17   *Berechnung der Anzahl der Träger*

    → *Er darf maximal 17 Stahlträger befördern.*

9. Stichwortverzeichnis

A...

Addition 28
– von gleichen Untereinheiten...28
– von verschiedenen
  Untereinheiten........................29
alte Gewichtsmaße 25

D...

Definition Gramm 18
Deka 5
Dezi 5
Division 38
– durch eine Zahl.....................38
– von zwei Untereinheiten.......39

E...

Einheit 4

G...

Gewichtseinheit 4
Gramm 17
Größe 4
Größer-als-Zeichen 43
Grundeinheit 17

H...

Hekto 5
Hilfsmaßeinheit 17
Hundertfache 5
Hundertstel 5

K...

Karat 17
Kilo 5
Kilogramm 22
Kleiner-als-Zeichen 42

L...

Lösungen 58

M...

Maßzahl 4
Milli 5
Milligramm 19
Multiplikation 36
– mit einer Zahl......................36

P...

Pfund 25, 26

R...

Rechnen mit Gewichts-
  einheiten 27

S...

Subtraktion 32
– von gleichen Untereinheiten...32
– von verschiedenen
  Untereinheiten........................33

T...

Tausendfache 5
Tausendstel 5
Teile eines Gramms 19
Textaufgaben 56
Tonne 24

U...

über mehrere Untereinheiten
  umrechnen 11, 15
Übungsaufgaben 46
umrechnen 7
Umrechnungsfaktor 7
Untereinheit 6, 7

V...

vergleichen 42
Vielfaches eines Gramms 20
Von groß nach klein 8
Von klein nach groß 13
Vorsätze 5

Z...

Zehnfache 5
Zehntel 5
Zenti 5
Zentner 26

über die website

Unter dem Motto „leichter Mathe lernen in der Community!" bietet dir das kostenlose Webportal **mathetreff-online.de** bei deinem Besuch viele Infos rund um das Thema Mathematik an. Die Inhalte sind hauptsächlich für Grund-, Haupt- und Realschüler optimiert, können aber auch für andere Schularten verwendet werden.

Die Website ist in drei große Bereiche unterteilt:

- Im Bereich **Wissen** findest du unser Mathelexikon. Damit angefangen, eine „normale" Formelsammlung für die eigene Realschule mit entsprechenden Beispielen bereitzustellen, finden sich heute über 700 Einträge von A wie Abbildungsmaßstab bis hin zu Z wie Zylinder. Als Ergänzung und „Mathelexikon2go" findest du hier auch unser umfangreiches Karteikartensystem zum Basteln.
- Im Bereich **Action** findest du Übungsaufgaben zu verschiedenen Themen zum Rechnen, aber auch Konstruktionen (natürlich mit entsprechender ausführlicher Lösung). Außerdem sind viele interaktive Lektionen verfügbar, die du direkt am Computer „durcharbeiten" kannst.
- In der Rubrik **Fun** soll der Spaß nicht zu kurz kommen. Hier findest du viele Matherätsel und Mathewitze, Quiz und online abrufbare Spiele sowie unzählige Bastelbögen, mit denen du allerlei mathematische Körper basteln kannst.

Grundsätzlich lässt sich die Website ohne Registrierung nutzen. Damit du selbst jedoch Forenbeiträge oder Kommentare schreiben kannst, ist eine kostenlose Registrierung erforderlich.

Wir freuen uns auf deinen Besuch unter https://www.mathetreff-online.de!

Einfach nebenstehenden QR-Code scannen und hinsurfen! Ich freue mich auf dich!

mathetreff-online